图像融合理论、算法与应用

荣传振　贾永兴　编著

东南大学出版社
SOUTHEAST UNIVERSITY PRESS
·南京·

内 容 简 介

图像融合是将来自不同传感器或同一传感器在不同模式下获得的多幅图像融合成一幅图像的技术。和源图像相比，融合图像综合了多幅图像的互补和冗余信息，比任何单一图像更能有效地对场景进行描述，也更加适合进一步的图像处理任务。本书以红外与可见光图像融合为牵引，系统阐述了数字图像处理基础、图像配准、基于多尺度分解的图像融合方法、基于稀疏表示的图像融合方法、基于红外特征提取的图像融合方法以及基于深度卷积神经网络的图像融合方法等。本书既有传统的图像融合方法，又包含作者多年来在图像融合研究领域提出的新方法，是一本理论与实践应用结合紧密的专业教材。

本书既可作为高等院校电子信息类、计算机类和自动化类本科生的教材，也可供图像处理领域的广大科技工作者、工程技术人员参考和使用。

图书在版编目(CIP)数据

图像融合理论、算法与应用 / 荣传振，贾永兴编著．—南京 ：东南大学出版社，2023.3（2024.10 重印）

ISBN 978-7-5766-0166-4

Ⅰ．①图… Ⅱ．①荣… ②贾… Ⅲ．①传感器—图像处理—研究 Ⅳ．①TP391.41

中国版本图书馆 CIP 数据核字(2022)第 114209 号

图像融合理论、算法与应用

编　　著：荣传振　贾永兴

责任编辑：张　烨　**责任校对**：子雪莲　**封面设计**：王　玥　**责任印制**：周荣虎

出版发行：东南大学出版社

社　　址：南京四牌楼 2 号　**邮编**：210096　**电话**：025－83793330

网　　址：http://www.seupress.com

电子邮件：press@seupress.com

经　　销：全国各地新华书店

印　　刷：广东虎彩云印刷有限公司

开　　本：787 mm×1092 mm 1/16

印　　张：10

字　　数：243 千

版　　次：2023 年 3 月第 1 版

印　　次：2024 年10月第 2 次印刷

书　　号：ISBN 978-7-5766-0166-4

定　　价：45.00 元

本社图书若有印装质量问题，请直接与营销部调换。电话(传真)：025－83791830

前　　言

图像融合是将来自不同传感器或同一传感器在不同模式下获得的多幅图像融合成一幅图像的技术。和源图像相比，融合图像综合了多幅图像的互补和冗余信息，比任何单一图像更能有效地对场景进行描述，也更加适合进一步的图像处理任务。目前，图像融合在计算机视觉、医学图像处理、军事、遥感等领域都扮演着重要的角色。

根据融合处理所处阶段的不同，一般将图像融合划分为像素级融合、特征级融合和决策级融合三个层次。图像融合的层次不同，所采用的融合算法以及所适用的范围也不相同。像素级图像融合就是直接对图像像素进行处理而达到图像融合的目的。它是在精确配准的前提下，依据某个融合规则直接对各幅图像的像素进行信息融合。像素级图像融合作为其他层次融合的基础，能尽可能多地保留图像背景和目标的原始信息，提供其他融合层次所不能提供的丰富、精确、可靠的信息，有利于图像的进一步分析、处理与理解，进而提供最优的决策和识别性能。像素级图像融合是目前图像融合研究的重点之一，本书重点介绍红外与可见光图像像素级融合方法。

全书共分 7 章，第 1 章介绍数字图像处理的理论基础，包括数字图像处理概述、数字图像的表示方法、数字图像处理的研究内容等；第 2 章介绍图像配准方法，包括基于灰度的图像配准和基于 SIFT 的图像配准方法；第 3 章介绍图像融合基础知识，包括图像融合的研究背景和意义、图像融合研究现状、图像融合层次分类、图像融合质量评价等；第 4 章介绍基于多尺度分解的图像融合方法，主要包括基于拉普拉斯金字塔的图像融合方法、基于小波变换的图像融合方法、基于轮廓波变换的图像融合方法、基于多尺度混合信息分解的图像融合方法等；第 5 章介绍基于稀疏表示的图像融合方法，主要包括稀疏表示的基础理论和图像融合方法以及卷积稀疏表示的基础理论和图像融合方法等；第 6 章介绍基于红外特征提取的图像融合方法，重点关注红外与可见光图像融合；第 7 章介绍基于深度卷积神经网络的图像融合方法，包括常用的深度网络模型及其在图像融合中的应用。

本书由荣传振、贾永兴编写，其中贾永兴负责第 1 章的编写，荣传振负责第 2 至第 7 章的编写。荣传振校阅了全书初稿，并对全书进行了统稿。本书在编写过程中得到了陆军工程大学通信工程学院领导和专家的关心和支持，在此表示感谢。由于编者水平有限，书中难免存在错误和不妥之处，恳请读者批评指正。

编　者

目　　录

第1章　图像处理基础

1.1　概述

视觉是人类从大自然中获取信息的最主要的手段。据统计在人类获取的信息中至少有80%来自视觉系统所接受的图像信息，即所谓的“百闻不如一见”，所以对图像信息的了解有助于对事物的认识。图像处理就是对图像信息进行加工处理，以满足人的视觉感知或实际应用的要求。

由于图像包含的信息量很大，对设备的速度和存储器的容量要求比较高，以往对图像处理的很多问题难以进行深入研究。直到近些年来随着微电子技术的发展、计算机速度的提高和网络带宽的增加，人们对信息的渴求越来越大，而图像这一信息载体成为人们研究的热点问题。

图像处理涉及多学科领域的交叉综合，它从人们的视觉感知机理着手，结合了大量信号处理和数学处理方法。数字图像处理就是利用计算机等数字处理设备来完成图像处理，以满足人们的各种需求。

1.2　数字图像的表示方法

自然界中的图像大多数是以连续函数的形式存在的，而数字图像处理要求的图像是以数字形式存在的，所以首先要了解数字图像的表示方法。

1.2.1　数字图像的结构

图1-1展示了一幅数字图像的构成，其中像素是数字图像的最小分割单元，如图1-1(b)所示。像素排列在一起，就形成了一幅图像的行和列。例如一幅图像的尺寸为512×512，就意味着它由512行和512列像素组成，共计有262 144个像素。

每个像素具有两个属性，即位置和灰度值(或RGB彩色值)，位置表明这个像素在整幅图像中的横坐标和纵坐标，灰度值表示它的亮度(或具体色彩)。通常用$f(x,y)$表示一幅图像中的某个像素，(x,y)表示像素的位置，$f(x,y)$的函数值表示它的灰度值。在描述数字图像的过程中经常会用到空间分辨率和灰度分辨率。空间分辨率是指一幅图像中所包含的像素个数，而灰度分辨率是指表示每个像素灰度值所需的数值等级。灰度等级体现一幅图像中各像素的亮度差别。例如一幅图像中的每个像素用8 bit来表示，说明它的像素值可以从0到255，通常0表示黑色，255表示白色，其他各值表示黑白之间的各种灰度层次，如图1-1(c)所示。

对于一幅彩色图像，它的每个像素的位置信息与灰度图像的定义一致，但是用三个色彩值替代灰度值来表示每个像素值信息。

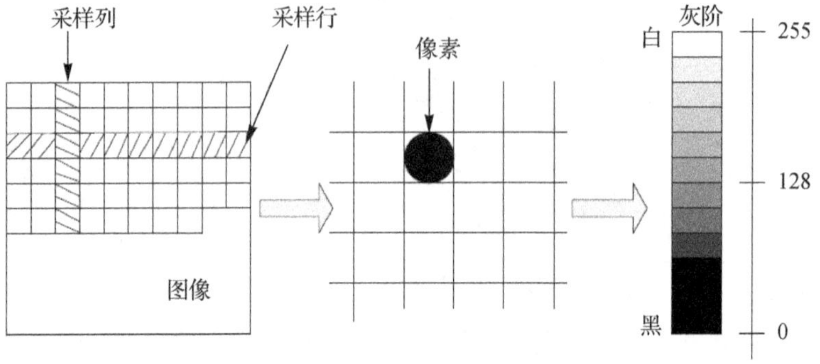

(a) 由行列组成的图像　　(b) 像素　　(c) 灰度等级

图 1-1　数字图像的构成

1.2.2　图像的矩阵表示

对于二维平面图像，矩阵是最常用的数据结构。矩阵中的图像信息可以通过像素的坐标得到，坐标对应于行和列的标号。矩阵中的元素对应于采样栅格中的相应像素的亮度或其他属性。

矩阵是图像的一个完整表示，它隐含着图像组成部分之间的空间关系。这些图像组成部分在语义上具有重要性。用矩阵来表示一个图像，通常要比列出所有物体之间的全部空间关系更节省存储空间。

把数字图像表示为矩阵形式的优点在于能应用矩阵理论对图像进行运算。若一幅数字图像具有 $M \times N$ 个样本点，用一个矩阵 $\boldsymbol{F}$ 来表示，则每个像素就是矩阵中的元素，可描述如下：

$$\boldsymbol{F} = \begin{bmatrix} f(0,0) & f(0,1) & \cdots & f(0,N-1) \\ f(1,0) & f(1,1) & \cdots & f(1,N-1) \\ \vdots & \vdots & \vdots & \vdots \\ f(M-1,0) & f(M-1,1) & \cdots & f(M-1,N-1) \end{bmatrix}$$

数字图像处理中经常遇到的图像包括二值图像（黑白图像）、灰度图像和彩色图像。二值图像是指每个像素只能是黑色或白色，没有中间过渡的图像，故又称为黑白图像。二值图像的像素值为 0 或 1，所以只需要 1 bit 来表示。图 1-2 为一个 3×3 的二值图像和它的矩阵表示。

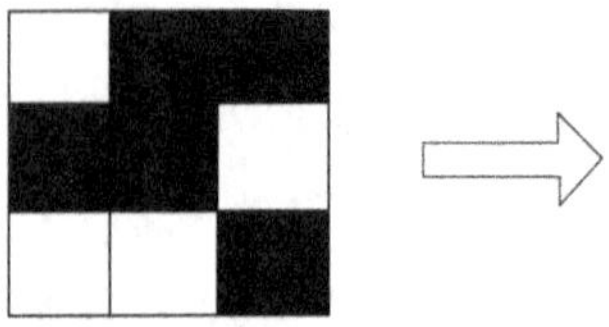

$$\boldsymbol{F} = \begin{bmatrix} 1 & 0 & 0 \\ 0 & 0 & 1 \\ 1 & 1 & 0 \end{bmatrix}$$

图 1-2　二值图像及其矩阵表示

灰度图像是指每个像素的信息由一个量化的灰度级来描述的图像，每个像素的值表示从黑色过渡到白色的中间灰度层次信息。图 1－3 是一个有 256 个灰度等级的 3×3 的灰度图像和它的矩阵表示。

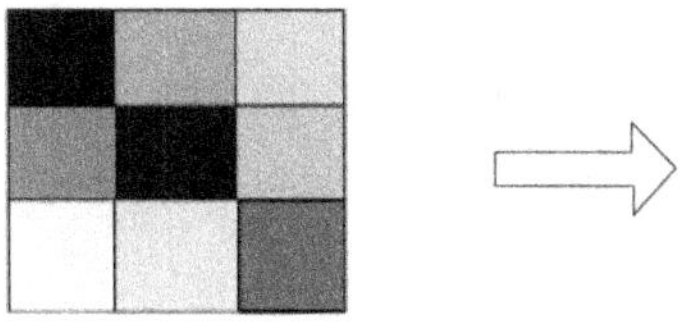

$$\boldsymbol{I}=\begin{bmatrix}0 & 150 & 200\\ 120 & 50 & 180\\ 250 & 220 & 100\end{bmatrix}$$

图 1－3　灰度图像及其矩阵表示

彩色图像的像素值通常使用 R、G、B 三个分量数值表示，所以通常需要用三个矩阵来表示。图 1－4 是一个 3×3 的彩色图像的 $\boldsymbol{R}$、$\boldsymbol{G}$、$\boldsymbol{B}$ 矩阵表示，其中左上角像素的 R、G、B 分量分别为 255、0、0，所以它是红色的；右下角的像素则是蓝色的。

$$\boldsymbol{R}=\begin{bmatrix}255 & 240 & 240\\ 255 & 0 & 80\\ 255 & 0 & 0\end{bmatrix}\quad \boldsymbol{G}=\begin{bmatrix}0 & 160 & 80\\ 255 & 255 & 160\\ 0 & 255 & 0\end{bmatrix}\quad \boldsymbol{B}=\begin{bmatrix}0 & 80 & 160\\ 0 & 0 & 240\\ 255 & 255 & 255\end{bmatrix}$$

图 1－4　彩色图像的矩阵表示

对于 RGB 彩色图像，如果每个分量用 8 bit 表示，即分为 256 个台阶，则一个像素需要 24 bit，这种图像称为真彩图像，它可以表示 $2^8\times2^8\times2^8=16\ 777\ 216$ 种色彩，这足以表示人眼可以分辨出来的各种色彩。例如 $R=255$、$G=0$、$B=0$ 表示红色，$R=0$、$G=255$、$B=0$ 表示绿色，$R=0$、$G=0$、$B=255$ 表示蓝色，其余各种色彩由这三个分量的不同比例来产生。

1.3　人眼视觉感知特性

人类日常看到的图像一般是对目标物体上反射出的光进行度量而得到的。“图”是物体透射或反射光的分布，而“像”是人的视觉系统对图的接收在大脑中形成的印象或认识。所以图像处理和人类视觉系统（Human Vision System，HVS）有着紧密的联系。

人类视觉是人眼对场景可见光能量在视网膜上形成的一种刺激，通过人脑对刺激信号的处理，来获取场景的描述和感知。通过长期进化，眼睛和神经系统组成人类视觉的功能已经非常完善，尽管视觉机理还不清楚，但它所表现出的特征和能力给数字图像处理和计算机视觉研究提供了良好的启示和无限的研究课题。

（1）亮度、色调和饱和度

亮度是光作用于人眼时引起的明暗程度。色调是当人眼看一种或多种波长光时所产生的彩色感觉，它反映颜色的种类。饱和度是彩色光所呈现颜色的深浅或纯洁程度。色调和饱和度合称为色度，它既反映颜色的种类，又体现颜色的深浅。

(2) 亮度适应能力

亮度适应能力包括暗光适应和亮光适应。暗光适应是指人眼从亮处到暗处的适应能力，亮光适应是指人眼从暗处到亮处的适应能力。通常亮光适应所需时间比暗光适应短得多。

(3) 视觉幅度非线性

由于人眼对亮度有很强的适应性，因此很难精确判断刺激的绝对亮度。即使有相同亮度的刺激，由于其背景亮度不同，人眼所感受的主观亮度也是不一样的。在很大范围内，主观亮度与光强度的对数成线性关系。

(4) 马赫带

马赫(Mach)带是 1868 年由奥地利物理学家 E. 马赫发现的一种明度对比的视觉效应，是一种主观的边缘对比效应。在观察一条由均匀黑和均匀白的区域形成的边界时，人们可能会认为人的主观感受是与任一点的强度有关的。但实际情况并不是这样，人感觉到的是在亮度变化部位附近的暗区和亮区中分别存在一条更黑和更亮的条带，这就是所谓的马赫带，如图 1-5 所示。

图 1-5　马赫带

(5) 多通道与掩盖效应

视觉皮层的细胞对不同的视觉信息或激励，如颜色、频率和方向等有不同的敏感性。对目标识别、掩盖与自适应的研究认为在人的视觉系统中，所有这些特征激励是在不同的通道进行处理的。视觉机制的多通道之间并不是彼此孤立的，而是存在着相互作用与相互影响，以产生最佳视觉。对于静止灰度图像来说，图像的多通道特性可以由它的空间频率和方向性来表征，只要用足够多的适当调谐部件，图像在视觉皮层的整个方向带和频率带都可以被完全覆盖，即可以完全模拟视觉系统的多通道，但多通道之间的相互作用机制尚不明确。

掩盖效应是指一个原本可见的激励由于另一个激励的存在而导致它完全不能或者不容易被检测到的现象。掩盖效应可分为对比度掩盖、边缘掩盖和纹理(噪声)掩盖等类型。在描述多通道中激励之间的相互作用时，掩盖效应是必须考虑的一种非常重要的因素。掩盖效应导致的视觉系统探测阈值的改变既可以是抑制，也可以是加强。

1.4　数字图像处理的研究内容

1.4.1　常用的基本概念

为了研究图像处理，我们需要了解一些图像中常用的基本概念。

（1）图像的数字化：数字图像处理要求的图像是以数字形式存在的，而自然界中的图像大多数是以连续函数的形式存在的，所以在计算机对图像进行处理之前，要对图像进行数字化。

图像的数字化是指将一幅图像从原来的形式转换为数字形式的处理过程。这种转换不是破坏性的。数字化的逆过程是显示，即由一幅数字图像生成一幅可见图像。

（2）扫描：扫描是指对一幅图像给定位置进行寻址。在扫描过程中，被寻址的最小单元是图像元素，即像素。矩形扫描网络通常称为光栅。

（3）采样：采样是指在一幅图像的每个像素位置上测量灰度值。采样通常是通过一个图像传感元件完成的。

（4）量化：量化是将测量的灰度值用一个整数来表示。由于计算机只能处理数字，因此必须将连续的测量值转化为离散的整数。量化通常由 A/D 转换电路来完成。

扫描、采样和量化组成了数字化的过程，经数字化后可得到一幅图像的数字表示，即数字图像。

（5）对比度：对比度指一幅图像中灰度反差的大小。

（6）噪声：噪声一般指加性或乘性污染。

（7）灰度分辨率：灰度分辨率指灰度值的单位幅度上包含的灰度级数。若用 8 bit 来存储一幅数字图像，则其灰度级为 256。

（8）采样密度：采样密度指在图像的单位长度上包含的采样点数。采样密度的倒数是像素间距。

（9）放大率：放大率指图像中物体的大小与其所对应景物中的物体的大小的比例关系。

（10）全局运算：全局运算指对整幅图像进行相同的处理。

（11）点运算：点运算指输出图像中每个像素的灰度值只依赖于输入图像中对应点的灰度值。

（12）局部运算：局部运算指输出图像中每个像素的灰度值由输入图像中以对应像素为中心的邻域中多个像素的灰度值计算出来的。

1.4.2　数字图像处理的特点

为了加强对数字图像处理具体方法的了解，这里简单介绍一下图像处理的一些基本特点。

（1）数字图像的信息大多是二维信息，处理的信息量很大。如一幅 256×256 的低分辨率黑白图像要求约 64 KB 的数据量，而 512×512 的高分辨率彩色图像则要求 768 KB 的数据量；如果要处理 30 帧/秒的电视图像序列，则每秒要求 500 KB～22.5 MB 的数据量。因此数字图像处理对计算机的计算速度、存储容量等要求较高。

(2) 数字图像占用的频带较宽，与语言信息相比，其占用的频带要大几个数量级。如电视图像的带宽约为 6.5 MHz，而语音的带宽仅为 4 KHz 左右。所以在成像、传输、存储、处理、显示等各个环节的实现上，数字图像处理的技术难度较大，成本亦高，这就对频带压缩技术提出了更高的要求。

(3) 数字图像中各个像素不是相互独立的，相关性大。在图像画面中经常有很多像素有相同或接近的灰度值。就电视画面而言，同一行中相邻两个像素或相邻两行间的像素的相关系数可达 0.9 以上，而相邻两帧之间的相关性比帧内相关性一般还要大些。因此，数字图像处理中信息压缩的潜力很大。

(4) 由于图像是三维景物的二维投影，一幅图像本身并不具备复现三维景物的全部几何信息的能力，很显然三维景物背后的部分信息在二维图像画面上是反映不出来的。因此，要分析和理解三维景物必须作合适的假定或附加新的测量，例如双目图像或多视点图像。在理解三维景物时需要知识导引，这也是人工智能正在致力解决的知识工程问题。

(5) 经过数字化处理后的图像一般是给人观察和评价用的，因此受人为因素影响较大。由于人的视觉系统很复杂，受环境条件、视觉性能以及人的情绪、爱好、知识水平的影响很大，所以图像质量评价还有待进一步深入的研究。另一方面，计算机视觉模仿人的视觉，人的视觉感知机理必然影响着计算机视觉的研究。例如，什么是感知的初始基元，基元是如何组成的，局部与全局感知的关系，优先敏感的结构、属性和时间特征等，这些都是心理学和神经心理学正在着力研究的课题。

1.4.3 数字图像处理的研究内容

根据处理目的不同，数字图像处理的研究内容可分为狭义图像处理、图像分析和图像理解。

狭义图像处理着重强调在图像之间进行的变换，是一个从图像到图像的过程，是比较低层的操作，主要满足对图像进行各种加工以改善图像的视觉效果，或者对图像进行压缩编码以减少所需存储空间或传输时间，达到传输通路的要求。狭义图像处理的特点是主要在像素级进行处理，处理的数据量非常大。

图像分析主要是对图像中的感兴趣目标进行检测和测量，从而建立对图像的描述，它主要研究从图像中提取有用的测度、数据或信息，生成非图像的描述或者表示。图像分析的内容分为特征提取、符号描述、目标检测、景物匹配和识别等几个部分。图像分析是一个从图像到数据的过程，可以看作中层处理。

图像理解是在图像分析的基础上，进一步研究图像中各目标的性质和它们之间的相互联系，并得出对图像内容含义的理解以及对原来客观场景的解释，从而指导和规划行动。图像理解有时也叫景物理解。图像理解主要是高层处理，其处理过程和方法与人类的思维推理有许多类似之处。

1.4.4　数字图像处理的技术

常用的图像处理技术包括图像变换、图像分割、图像增强、图像压缩编码、图像复原、图像重建和图像识别等。

(1) 图像变换是为了达到某种目的而对图像使用的一种数学变换，包括几何变换和正交变换。几何变换是对图像进行平移、旋转、缩放和镜像等变换，这种变换在空域中进行；正交变换是将图像从空域通过正交变换核变换到其他域，以观察图像在该域中的特性。

(2) 图像分割是把图像分割成若干个特定的、具有独特性质的区域，并提取出感兴趣目标的技术。在对图像的研究和应用中，人们往往仅对图像的某些部分感兴趣(目标或背景)，它们一般对应图像中特定的、具有独特性质的区域，为了分析目标，需要将它们分割并提取出来。

(3) 图像压缩编码是根据图像信息中的大量冗余，对图像进行有效的编码以压缩数据量，节省存储空间和信道容量。编码可以分为有失真编码和无失真编码两类。有失真编码是指在一定的保真度条件下，对图像进行压缩编码，通常解码恢复的图像和原始图像相比有一定的失真。无失真编码是为了保证解码后的图像和原始图像没有失真而进行的编码。有失真编码的压缩比相对可以大一些。

(4) 图像复原又称图像的修复和复原，当噪声的掩盖、图像摄取设备的成像系统缺陷或图像摄取设备与被摄取景物之间的相对运动等造成图像模糊等情况时，可以通过图像复原使重建的图像尽量逼近于理想的、未退化的图像，恢复原始图像的本来面目。

(5) 图像增强是对一幅图像进行处理，按特定的需要有选择地加强或突出一幅图像中的某些信息，而抑制或削弱某些不需要的信息，使它们更适合于人眼的视觉特性或机器的识别和分析。图像增强通常包括平滑和锐化两大部分，平滑是针对噪声空间不相关或相关性弱的图像来抑制和减轻这些噪声干扰；锐化是针对质量下降或边缘模糊的图像来突出它的增强轮廓，使图像清晰。

(6) 图像重建是从数据到图像的处理，也就是说，输入的是某种数据，而得到的处理结果是图像。该处理的典型应用就是 CT 技术。图像重建的主要算法有代数法、迭代法、傅里叶反投影法、卷积反投影法等。

(7) 图像识别的主要内容是在图像经过某些预处理(增强、复原、压缩)后，对图像进行特征提取，从而进行判决分类。通常采用的是模式识别技术，根据图像识别模型进行相关的运算，分析并提取图像的识别特征，然后根据分类器对图像进行分类识别运算。图像识别在现代的图像处理技术中得到了越来越多的应用，例如车牌识别、指纹识别、人脸识别等。

1.5　图像文件的常用格式

通常图像是以文件的形式存储在计算机中，为了对这些图像进行处理，需要对一些常用的图像文件格式有所了解。

1）BMP 图像文件格式

BMP 是一种与硬件设备无关的图像文件格式，使用面非常广。它采用位映射存储格式，除了图像深度可选以外，不进行其他任何压缩，因此 BMP 文件所占用的存储空间很大。BMP 文件的图像深度可以是 1 bit、4 bit、8 bit 或 24 bit。BMP 文件存储数据时，图像的扫描是按从左到右、从下到上的顺序进行。

由于 BMP 文件格式是 Windows 环境中交换与图有关的数据的一种标准，因此在 Windows 环境中运行的图形图像软件都支持 BMP 图像文件格式。

典型的 BMP 图像文件由三部分组成：

① 位图文件头数据结构，它包含 BMP 图像文件的类型、显示内容等信息；

② 位图信息数据结构，它包含 BMP 图像的宽度、高度、压缩方法以及定义颜色等信息；

③ 图像数据。

2）TIFF 图像文件格式

TIFF（Tag Image File Format，标记图像文件格式）是由 Aldus 和 Microsoft 公司为桌上出版系统研制开发的一种较为通用的图像文件格式。TIFF 灵活易变，它又定义了 4 类不同的格式：TIFF-B 适用于二值图像，TIFF-G 适用于黑白灰度图像，TIFF-P 适用于带调色板的彩色图像，TIFF-R 适用于 RGB 真彩色图像。TIFF 支持多种编码方法，包括 RGB 无压缩、RLE 压缩及 JPEG 压缩等。

TIFF 是现有图像文件格式中最复杂的一种，它具有可扩展性、方便性、可改性，便于在软件之间进行图像数据交换。

TIFF 图像文件由三个数据结构组成，分别是文件头、一个或多个称为 IFD（图像文件目录）的包含标记指针的目录以及数据本身。TIFF 图像文件中的第一个数据结构称为图像文件头（IFH），这个结构是一个 TIFF 文件中唯一的、有固定位置的部分。IFD 是一个字节长度可变的信息块，标记是 TIFF 文件的核心部分，在图像文件目录中定义了要用的所有图像参数，目录中的每一条目就包含图像的一个参数。

3）GIF 图像文件格式

GIF（Graphics Interchange Format）的原意是“图像互换格式”，它是 CompuServe 公司在 1987 年开发的图像文件格式，是一种基于 LZW 算法（又叫串表压缩算法）的连续色调的无损压缩格式，其压缩率一般在 50%左右。GIF 不属于任何应用程序，目前几乎所有相关软件都支持它，公共领域有大量的软件在使用 GIF 图像文件。

GIF 图像文件的数据是经过压缩的，而且采用了可变长度等压缩算法，所以 GIF 图像文件的图像深度从 1 bit 到 8 bit，也即 GIF 最多支持 256 种色彩的图像。GIF 的另一个特点是在一个 GIF 文件中可以存放多幅彩色图像，如果把存放于一个文件中的多幅图像的数据逐幅读出并显示到屏幕上，就可构成一种最简单的动画。

GIF解码较快，因为采用隔行存放，GIF图像在边解码边显示的时候可分成四遍扫描。第一遍扫描虽然只显示了整个图像的1/8，第二遍扫描后也只显示了1/4，但这已经把整幅图像的概貌显示出来了。在显示GIF图像时，隔行存放的图像会令人感觉它的显示速度似乎要比其他格式的图像快一些，这就是隔行存放的优点。

4) JPEG图像文件格式

JPEG是Joint Photographic Experts Group（联合图像专家组）的缩写，文件后缀名为“.jpg”或“.jpeg”，是最常用的图像文件格式。它由一个软件开发联合会组织制定，是一种有损压缩格式，能够将图像压缩在很小的存储空间，图像中重复或不重要的资料会被丢失，因此容易造成图像数据的损伤。尤其是使用过高的压缩比将使最终解压缩后恢复的图像质量明显降低，如果追求高品质图像，不宜采用过高的压缩比。但是JPEG压缩技术十分先进，它用有损压缩方式去除冗余的图像数据，在获得极高的压缩率的同时能展现十分丰富生动的图像。换句话说，就是JPEG格式可以用最少的磁盘空间得到较好的图像品质。而且JPEG是一种很灵活的格式，具有调节图像质量的功能，允许用不同的压缩比对文件进行压缩，支持多种压缩级别，压缩比通常在10∶1到40∶1之间，比如可以把1.37 MB的BMP位图文件压缩至20.3 KB。当然也可以在图像质量和文件尺寸之间找到平衡点。JPEG格式压缩的主要是高频信息，对色彩信息保留得较好，适合应用于互联网环境，可减少图像的传输时间。此外，JPEG格式可以支持24 bit真彩色，也普遍应用于需要连续色调的图像。

JPEG格式的应用非常广泛，特别是在网络和光盘读物上，都能找到它的身影。目前各类浏览器均支持JPEG这种图像格式，因为JPEG格式的文件尺寸较小，下载速度快。

5) JPEG2000图像文件格式

JPEG2000作为JPEG的升级版，其压缩率比JPEG高约30%左右，同时支持有损和无损压缩。JPEG2000格式有一个极其重要的特点是它能实现渐进传输，即先传输图像的轮廓，然后逐步传输数据，不断提高图像质量，让图像由朦胧到清晰地显示。此外，JPEG2000还支持所谓的“感兴趣区域”特性，可以任意指定图像上感兴趣区域的压缩质量，还可以选择指定的部分先解压缩。

JPEG2000和JPEG相比优势明显，且向下兼容，因此可取代传统的JPEG格式。JPEG2000既可应用于传统的JPEG格式的应用领域，如扫描仪、数码相机等，又可应用于新兴领域，如网络传输、无线通信等。

1.6　图像增强

图像在生成、获取和传输过程中，受到照明光源性能、成像系统性能、通道带宽和噪声等诸多因素的影响，往往造成对比度偏低、清晰度下降，并引入了干扰噪声。

图像增强的目的是采用某种技术手段，改善图像的视觉效果或将图像转换成更适合于人眼观察和机器分析识别的形式，以便从图像中获取更多的有用信息。图像增强与感兴趣物体特性、观察者的习惯和处理目的相关，因此图像增强算法应用是有针对性的，并不存在通用的增强算法。图像增强的基本方法包括空域和频域两大类。空域算法主要包括点处理（灰度变换、直方图均衡化、伪彩色处理等）和邻域处理（线性、非线性平滑和锐化等），频域处理主要由高通滤波、低通滤波、同态滤波等来完成。

例如，无人机通常从高空拍摄图像，图像获取过程中受到传感器、光线变化、相对运动、大气湍流、飞行器振动等多种因素的影响，从而影响到无人机图像的显示与视觉效果，对后续的图像处理也带来的一定困难，所以通常对获取的图像要进行一定的增强处理，使得更便于从中提取感兴趣信息，从而实现从无人机图像到有用信息的转化。

1.6.1 图像噪声

噪声可以理解为妨碍人们的感觉器官对所接收的信源信息进行理解的因素。噪声是不可预测的，是只能用概率统计方法来认识的随机误差。由于它是一个多维随机过程，可以用概率分布函数和概率密度函数来描述。不同的噪声有着不同的特性，对图像造成不同的干扰，所以针对不同的噪声，需要采用不同的方法抑制。

图 1-6 给出了噪声图像效果图，其中图（a）是原始图像，图（b）为加入高斯噪声的图像，图（c）为加入椒盐噪声的图像。

(a) 原始图像　　(b) 高斯噪声图像　　(c) 椒盐噪声图像

图 1-6　原始图像及噪声图像

1.6.2 图像对比度增强

对比度增强是当图像的有用信息集中在某一个较小的灰度范围内时，压缩其他部分（背景或噪声）所占据的灰度层次，而把有用信息（前景或目标）所占据的灰度范围拓宽，以提高图像的对比度。

1）灰度变换

图像的灰度变换主要用于改变图像数据占据的灰度范围，它所采用的具体方法是点运算。点运算是一种像素的逐点运算，在给定预定方式的情况下，输出图像每个像素点的灰度值仅由相应的输入像素点的灰度值决定，不改变图像内的空间关系。变换关系可表示为：

$$B(x,y)=f[A(x,y)] \tag{1-1}$$

其中，$A(x,y)$表示图像在(x,y)处的原始灰度；$f(\cdot)$为灰度变换函数，表示输入和输出的映射关系；$B(x,y)$表示图像在(x,y)处变换后的灰度。

图像的灰度变换包括线性变换、分段线性变换和非线性变换等。线性变换是输出灰度级与输入灰度级呈线性关系的点运算，分段线性变换是输出灰度级与输入灰度级在若干个分段内呈线性关系的点运算，非线性变换则是在整个灰度值范围内采用统一的非线性变换函数。

(1) 对数变换

对数变换是一种灰度非线性变换方法，主要用于将图像的低灰度值部分扩展，将其高灰度值部分压缩，以达到强调图像低灰度部分的目的。变换方法由下式给出：

$$s=c\cdot\log_{v+1}(1+v\cdot r) \tag{1-2}$$

这里的对数变换底数为$v+1$，实际计算的时候需要用换底公式。其输入范围为归一化的[0,1]，其输出范围也为[0,1]。对于不同的底数，其对应的变换曲线如图1-7所示。

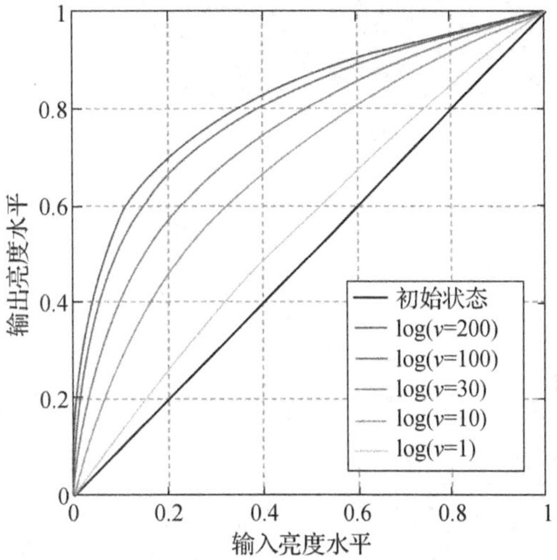

图1-7　不同底数对输出灰度值的影响

扫码看彩图

从图1-7中可以看出，底数越大，对低灰度部分的扩展就越强，对高灰度部分的压缩也就越强。相反地，如果想强调高灰度部分，则用反对数函数就可以了。

图1-8给出了图像经对数变换后的效果图，其中图(a)为原始图像，可以看出图像整体偏暗；图(b)、图(c)和图(d)均为对数变换后的图像，其中v分别为10、100和200，可以看出经过对数变换后，图像灰度分布更加均匀，视觉效果更好。但是图(d)由于v值过大，扩展比较剧烈，所示整体图像偏亮了。

(2) 三段线性变换

有时为了突出感兴趣目标或灰度区域，相对于抑制那些不感兴趣的灰度区域，可以采用分段线性变换。常用的三段线性变换法的数学表达式如下：

$$g(x,y)=\begin{cases}\dfrac{c}{a}f(x,y), & 0\leqslant f(x,y)<a\\[2ex] \dfrac{d-c}{b-a}[f(x,y)-a]+c, & a\leqslant f(x,y)<b\\[2ex] \dfrac{255-d}{255-b}[f(x,y)-b]+d, & b\leqslant f(x,y)\leqslant 255\end{cases} \tag{1-3}$$

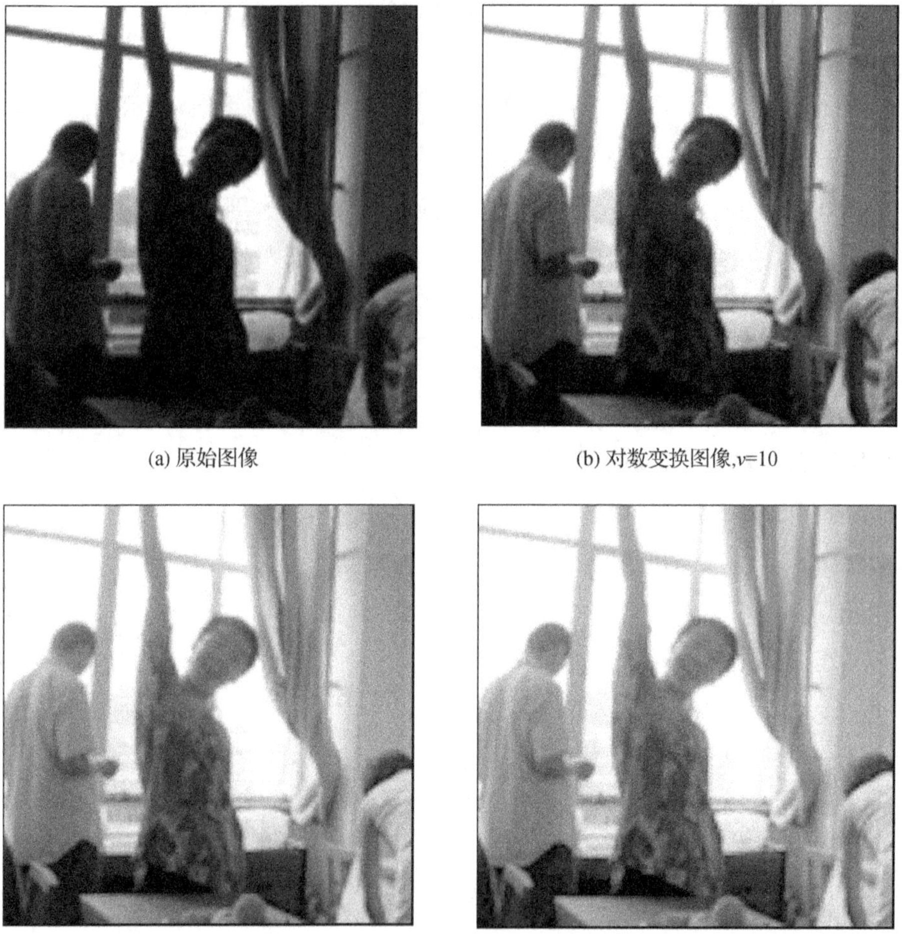

(a) 原始图像　　(b) 对数变换图像,v=10

(c) 对数变换图像,v=100　　(d) 对数变换图像,v=200

图 1-8　图像的对数变换效果

三段线性变换曲线如图 1-9 所示。按照这种三段线性变换,就可以把原始图像的$[0,a)$灰度范围的像素变换到$[0,c)$灰度范围,把$[a,b)$灰度范围的像素变换到$[c,d)$灰度范围,把$[c,255]$灰度范围的像素变换到$[d,255]$灰度范围。当某段直线的斜率大于 1 时,会拓展原始图像的灰度范围;当斜率小于 1 时,会压缩灰度范围。

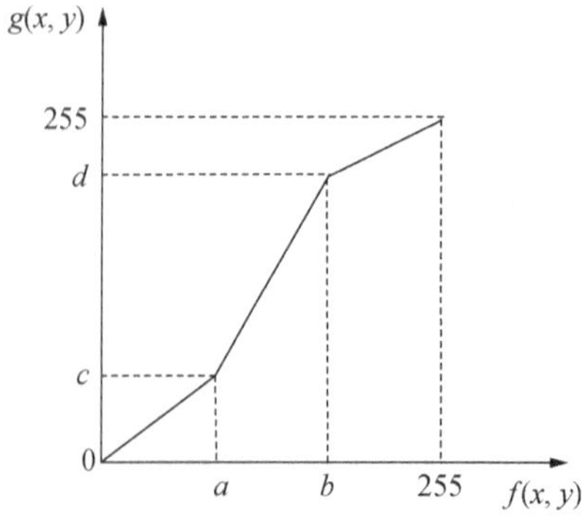

图 1-9　三段线性变换曲线

图 1－10 给出了图像经三段线性变换后的效果图，可见利用分段线性变换后，图像中偏亮和偏暗的部分得到了抑制，对比度得到了增强，视觉效果更加清晰。

(a) 原始图像　　(b) 分段线性拉伸图像

图 1－10　图像的分段线性变换效果

2）直方图变换

直方图拉伸和直方图均衡化是两种最常见的间接对比度增强方法。直方图拉伸是通过对比度拉伸对直方图进行调整，从而扩大前景和背景的灰度差别，以达到增强对比度的目的，这种方法可以利用线性或非线性的方法来实现；直方图均衡化则通过使用累积函数对灰度值进行调整以实现对比度的增强。

（1）直方图的定义

灰度直方图是灰度级的函数，是图像的一种统计表示。对于一幅灰度图像，其灰度级统计直方图反映了该图像中不同灰度级像素点出现的统计情况。例如一幅图像的灰度值描述如图 1-11(a)所示，对它的各灰度级进行统计，可以得到如图 1－11(b)所示的统计结果。根据上述结果，得到的直方图可以表示为图 1－12，其中横轴表示灰度级，而纵轴表示了图像中各个灰度级像素点的个数。

1	2	3	4	5	6
6	4	3	2	2	1
1	6	6	4	6	6
3	4	5	6	6	6
1	4	6	6	2	3
1	3	6	4	6	6

(a) 图像的灰度值矩阵

灰度值	1	2	3	4	5	6
像素点个数	5	4	5	6	2	14

(b) 图像灰度值统计

图 1－11　图像的灰度描述及统计

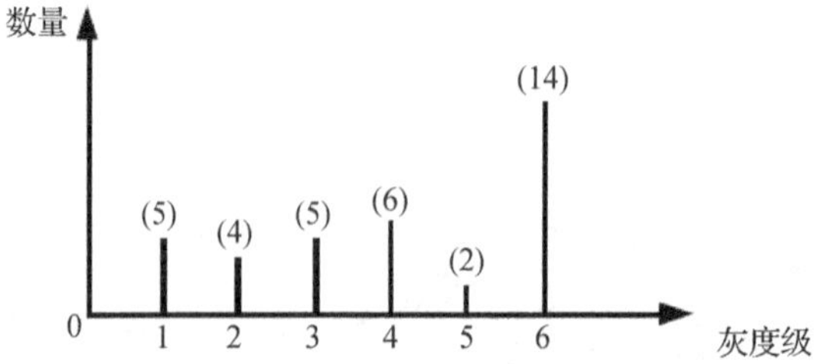

图 1-12　图像的灰度级直方图

严格来说，图像的灰度级统计直方图是一个一维的离散函数，它的计算非常简单。依据定义，在离散形式下，r_k 代表离散灰度级，$P_r(r_k)$代表灰度值为 r_k 的像素点出现的概率，则直方图的计算公式为：

$$p_r(r_k)=\frac{n_k}{n} \tag{1-4}$$

其中，n_k 表示图像中出现灰度级为 r_k 的像素点的个数，n 为图像像素点个数总和。在直角坐标系下画出 r_k 与 $P_r(r_k)$之间的关系图，即为图像的灰度级直方图。从概率论的角度来理解，灰度级出现的频率可看作其出现的概率，所以直方图对应于概率密度函数。

直方图给出了一幅图像所有像素点的灰度级的整体描述。图 1-13(a)是有 256 个灰度级的"lena"图像，图 1-13(b)是它的直方图，反映了"lena"图像中各灰度级像素点的分布情况。

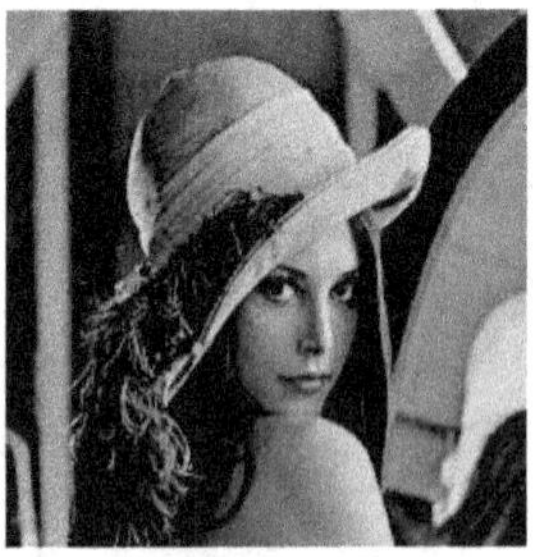

(a) "lena" 图像

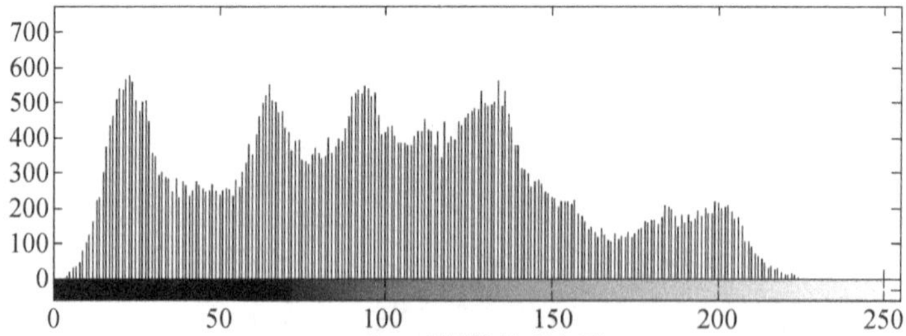

(b) "lena" 图像的直方图

图 1-13　"lena"图像及其直方图

注意，直方图只统计图像中某一灰度值的像素点有多少个，占整幅图像像素点的比例是多少，而对那些具有同一灰度值的像素点在图像中的位置则一无所知，也就是说直方图无法体现位置信息。如图 1-14 中的两幅图像，它们的直方图是一样的，但是图像的内容却不相同。同样，一幅图像有唯一的直方图，反之却不正确。

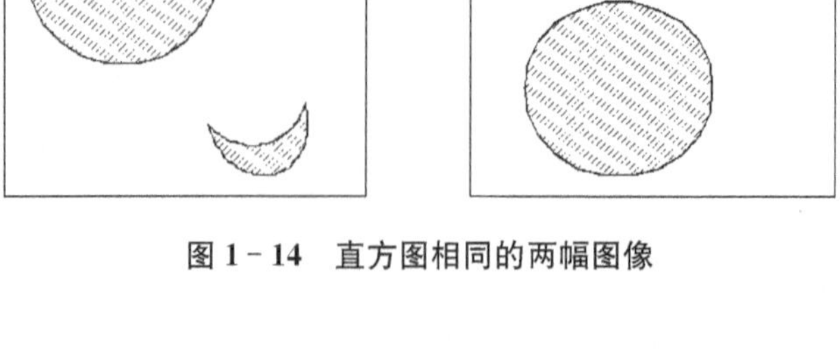

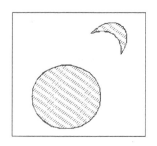

图 1-14　直方图相同的两幅图像

(2) 直方图均衡化

实际应用中，许多图像的灰度值是非均匀分布的，常见的情况是灰度值集中在一个小区间内。图1-15(a)和(b)分别给出了一幅图像和它的直方图，可以看出这类图像的像素取值范围较小，对比度较低。

直方图均衡化是图像灰度变换的一个重要应用，是一种通过重新均匀地分布各灰度值来增强图像对比度的方法，它以累计分布函数(Cumulative Distribution Function，CDF)变换为基础来修正直方图，可以产生一幅灰度级具有均匀概率密度分布的图像，扩展了像素的取值动态范围，从而提高图像的主观质量。

(a) 原始图像

(b) 直方图

图1-15　图像直方图

直方图均衡化处理的基本思想是把原始图像的灰度级直方图从比较集中在某个灰度级区间变成在全部灰度级范围内均匀分布。这种变换过程可通过变换函数 $t=E_H(s)$ 来实现，其中 t、s 分别为目标图像和原始图像上像素点 (x,y) 的灰度级。

假设图像像素点的灰度值范围为 $[0,L-1]$，在进行均衡化处理时，变换函数通常需要满足两个条件：变换函数 $E_H(s)$ 在 $0\leqslant s\leqslant L-1$ 的范围内是一个单调递增函数；对于 $0\leqslant s\leqslant L-1$，应当有 $0\leqslant E_H(s)\leqslant L-1$。第一个条件保证了在增强处理时没有打乱原始图像的灰度值排列次序，第二个条件保证了变换过程中灰度值动态范围的一致性。

累计分布函数就是满足上述条件的一种常用变换函数，其函数形式为：

$$s_k=E_H(r_k)=\sum_{i=0}^{k}\frac{n_i}{n}=\sum_{i=0}^{k}P_r(r_i),k=0,1,2,\cdots,L-1 \tag{1-5}$$

根据上式可以由原始图像的各像素点灰度值直接得到直方图均衡化后各像素点的灰度值。

例1-1　设有一幅灰度级为8的图像，其大小为64×64，灰度级分布如表1-1所示。若对该幅图像进行均衡化处理，请分别画出均衡前后图像的直方图。

表1-1　图像灰度级分布

k	0	1	2	3	4	5	6	7
r_k	0	1/7	2/7	3/7	4/7	5/7	6/7	1
n_k	790	1 023	850	656	329	245	122	81
$P_r(r_k)=n_k/n$	0.19	0.25	0.21	0.16	0.08	0.06	0.03	0.02

解：$s_0 = T(r_0) = \sum_{j=0}^{0} P_r(r_j) = P_r(r_0) = 0.19$

$$s_1 = T(r_1) = \sum_{j=0}^{1} P_r(r_j) = P_r(r_0) + P_r(r_1) = 0.44$$

$$s_2 = T(r_2) = \sum_{j=0}^{2} P_r(r_j) = P_r(r_0) + P_r(r_1) + P_r(r_2) = 0.19 + 0.25 + 0.21 = 0.65$$

采用类似的方法，可以计算出：

$$s_3 = 0.65 + 0.16 = 0.81, s_4 = 0.81 + 0.08 = 0.89$$

$$s_5 = 0.89 + 0.06 = 0.95, s_6 = 0.95 + 0.03 = 0.98$$

$$s_7 = 0.98 + 0.02 = 1$$

原始图像只有 8 个等间隔的灰度级，变换后的 s 值也只能选择这 8 个灰度级中最靠近的值。因此需要对计算结果加以修正：

$$s_0 \approx \frac{1}{7}, s_1 \approx \frac{3}{7}, s_2 \approx \frac{5}{7}, s_3 \approx \frac{6}{7}, s_4 \approx \frac{6}{7}, s_5 \approx 1, s_6 \approx 1, s_7 \approx 1$$

新图像将只有 5 个不同的灰度级，可以重新定义一个符号：

$$s'_0 = \frac{1}{7}, s'_1 = \frac{3}{7}, s'_2 = \frac{5}{7}, s'_3 = \frac{6}{7}, s'_4 = 1$$

可以得知灰度值为 1/7 的像素点有 790 个，灰度值为 3/7 的像素点有 1 023 个，灰度值为 5/7 的像素点有 850 个，灰度值为 6/7 的像素点有 656＋329＝985 个，灰度值为 1 的像素点有 245＋122＋81＝448 个。所以均衡化前后的图像直方图分别如图 1－16(a)和(b)所示。

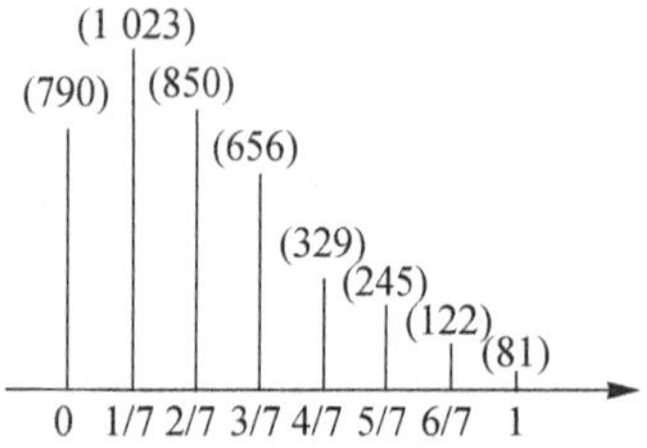

(a) 原始图像的直方图

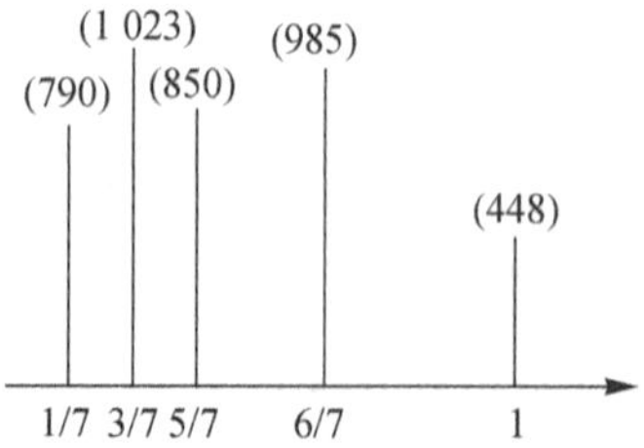

(b) 均衡化后图像的直方图

图 1－16　图像直方图均衡化

通过具体例子，直方图均衡化时的 3 个基本步骤如下：

(1) 统计原始图像的直方图；

(2) 利用直方图采用公式(1－5)做变换，得到 $r_k \to s_k$ 的映射关系；

(3) 根据映射关系，用新灰度值替换原始图像灰度值，得到均衡化后的图像。

图 1－17 是对图 1－15 进行直方图均衡化后的效果图。

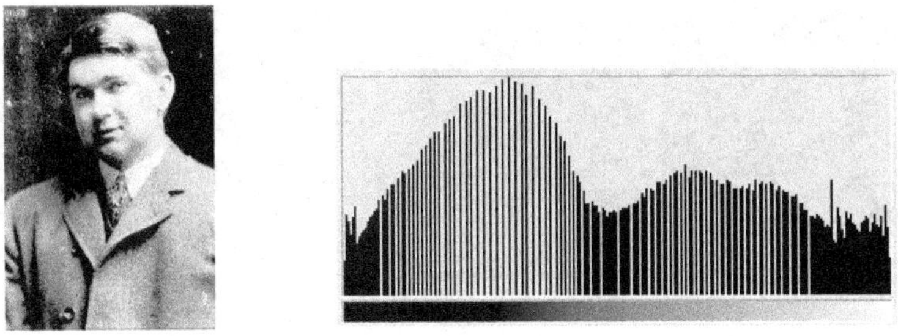

图 1-17　直方图均衡化后的图像及其直方图

从上述效果图可以看出，经过直方图均衡化处理后，图像变得清晰了；从直方图来看，处理后的图像直方图分布更均匀了。但是直方图均衡化存在着两个缺点：

（1）变换后图像的某些细节消失；

（2）某些图像（如直方图有高峰）经处理后对比度不自然地过分增强。

1.6.3　图像平滑

图像平滑的目的是消除或尽量减少噪音的影响，改善图像的质量。图像平滑是一种图像邻域操作，针对噪声空间不相关或相关性弱的图像，抑制或减轻这些噪声对其的干扰。

1）均值滤波

均值滤波主要通过将待平滑的像素和其周围的像素作平均来完成去噪，可以使用二维线性数字滤波函数 filter2 实现。

使用 filter2 函数对高斯噪声和椒盐噪声图像进行均值滤波，实现四邻域和八邻域滤波的模板为：

$$\boldsymbol{H}_1 = \frac{1}{4}\begin{bmatrix} 0 & 1 & 0 \\ 1 & 0 & 1 \\ 0 & 1 & 0 \end{bmatrix} \qquad \boldsymbol{H}_2 = \frac{1}{8}\begin{bmatrix} 1 & 1 & 1 \\ 1 & 0 & 1 \\ 1 & 1 & 1 \end{bmatrix}$$

图 1-18 给出了函数运行结果，其中图(a)为原始图像，图(b)为加高斯噪声的图像，图(e)为加椒盐噪声的图像，图(c)和图(f)、图(d)和图(g)分别为两种含噪图像经四邻域和八邻域滤波后的图像。可以看出均值滤波对高斯噪声的抑制效果较好，对椒盐噪声的抑制效果不明显。

2）中值滤波

中值滤波是一种保持边缘的非线性图像平滑方法，在图像增强中广泛应用，它采用局部中值代替局部平均值，对于脉冲干扰噪声的抑制效果尤其显著。

MATLAB 中提供了二维中值滤波函数 medfilt2，其主要格式为 J=medfilt2(A)，指使用默认的 3×3 方形窗口对输入图像 A 进行二维中值滤波。

图 1-19 给出了函数运行结果，其中图(a)为加高斯噪声的图像，图(b)为其经中值滤波后的结果，图(c)为加椒盐噪声的图像，图(d)为其经中值滤波后的结果。从中可以看出中值滤波对类似椒盐噪声这种脉冲噪声的抑制效果很好。

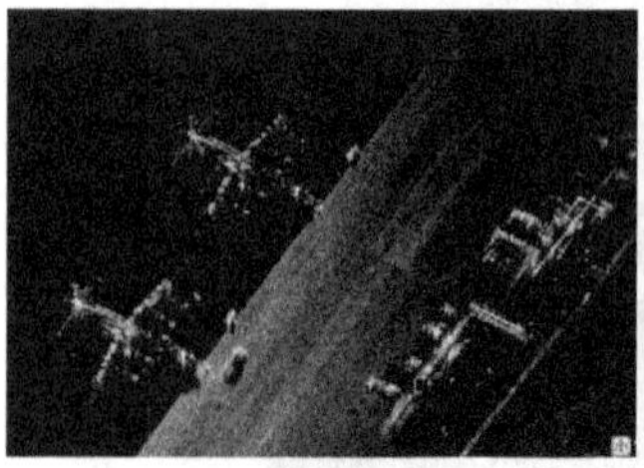

(a) 原始图像

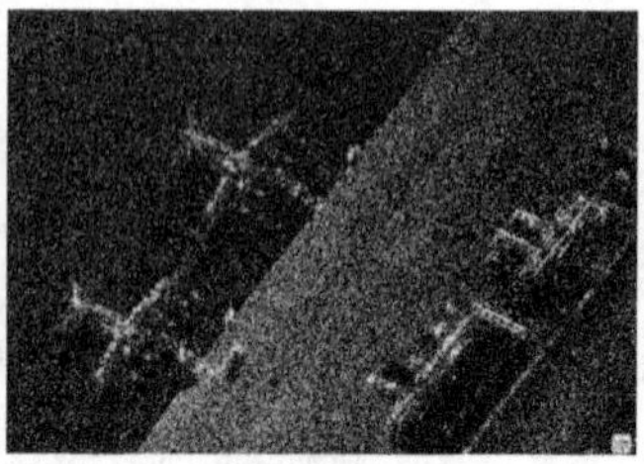

(b) 高斯噪声图像

(c) 四邻域滤波后的高斯噪声图像

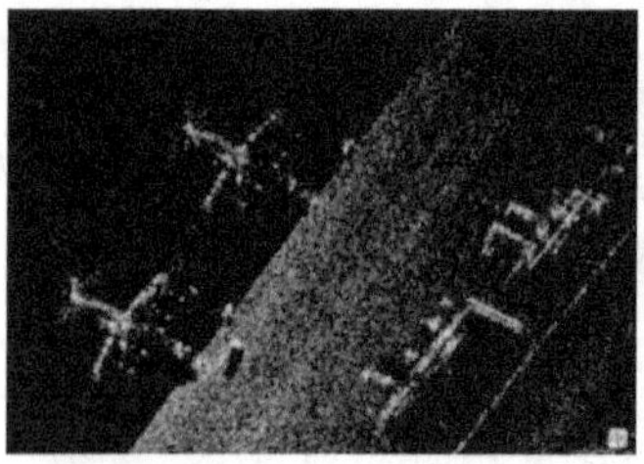

(d) 八邻域滤波后的高斯噪声图像

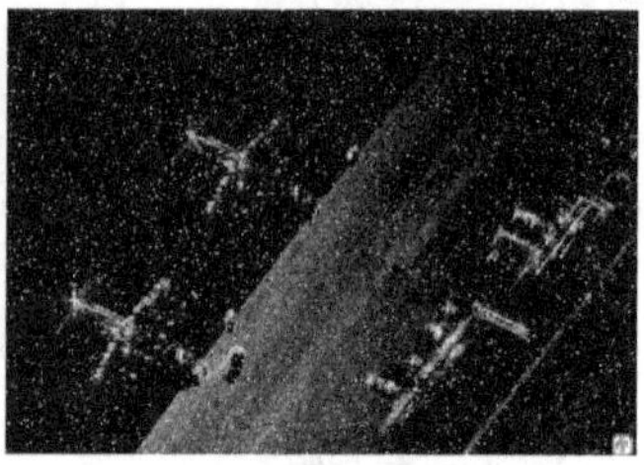

(e) 椒盐噪声图像

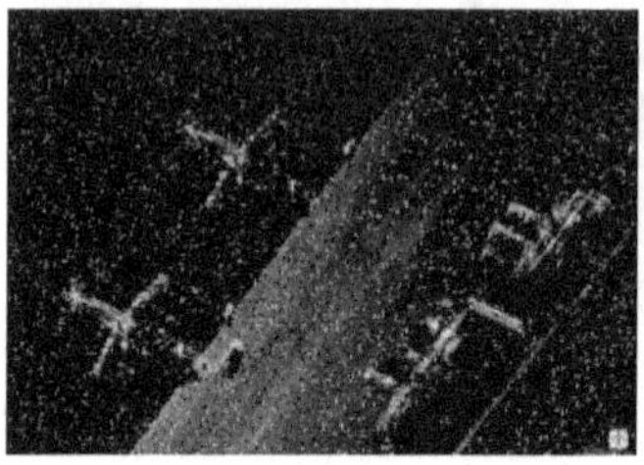

(f) 四邻域滤波后的椒盐噪声图像

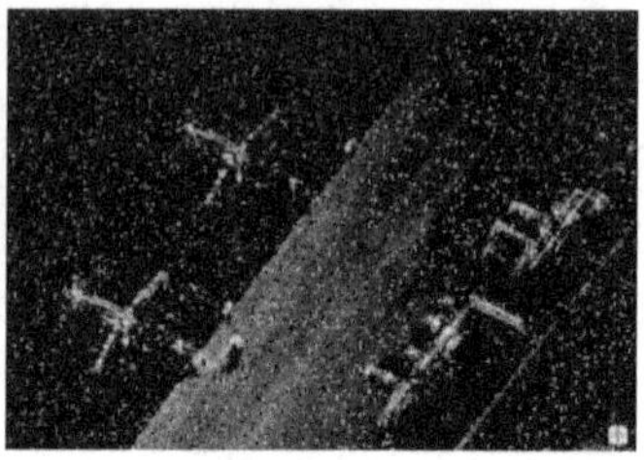

(g) 八邻域滤波后的椒盐噪声图像

图 1-18　含噪图像的均值滤波效果

(a) 高斯噪声图像

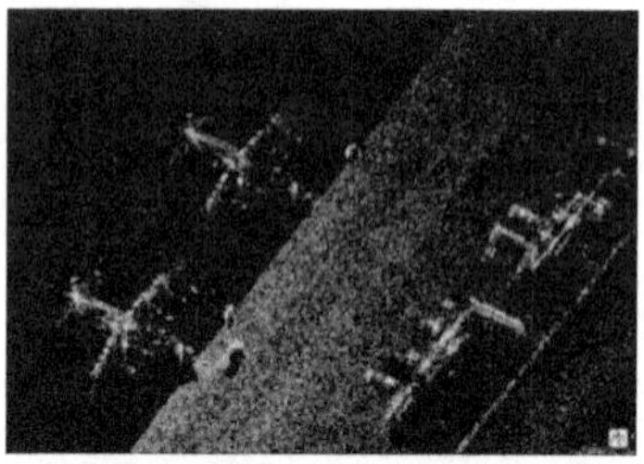

(b) 中值滤波后的高斯噪声图像

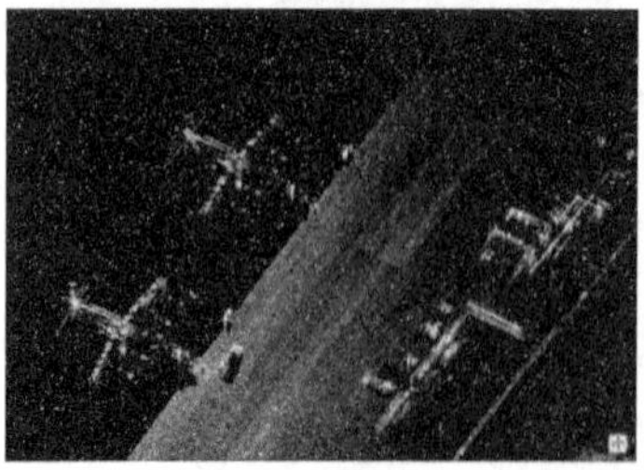

(c) 椒盐噪声图像

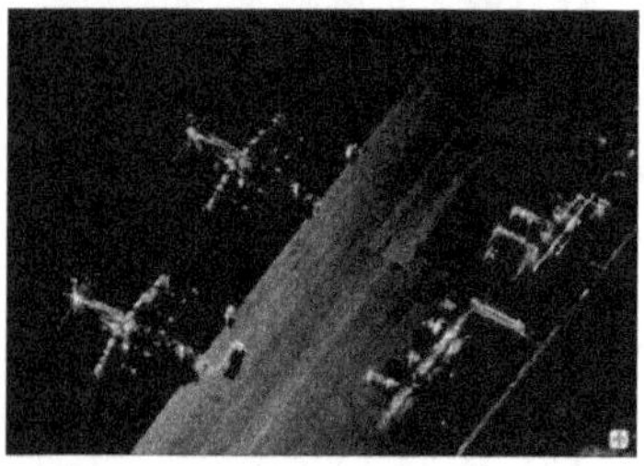

(d) 中值滤波后的椒盐噪声图像

图 1-19　含噪图像的中值滤波效果

3）高斯低通滤波

通常噪声频谱位于空间频率较高的区域，而图像本身的频率分量一般处于较低的空间频率区域之内，所以可以对高频成分加以衰减，实现平滑处理。低通滤波与空域中的平滑滤波一样可以消除图像中的随机噪声，减弱边缘效应，起到平滑图像的作用。

图1－20给出了滤波结果，其中图(a)为加高斯噪声的图像，图(b)为其经高斯低通滤波后的结果，图(c)为加椒盐噪声的图像，图(d)为其经高斯低通滤波后的结果。

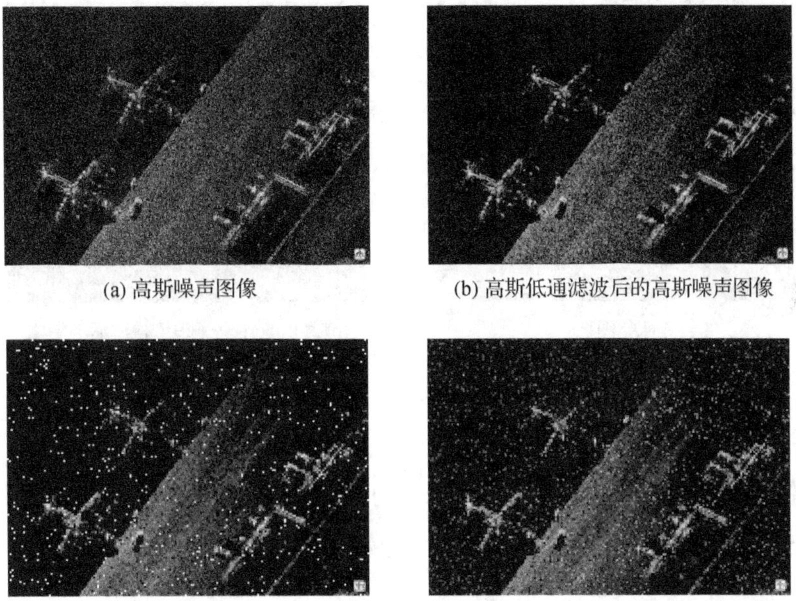

(a) 高斯噪声图像　(b) 高斯低通滤波后的高斯噪声图像

(c) 椒盐噪声图像　(d) 高斯低通滤波后的椒盐噪声图像

图1－20　含噪图像的高斯低通滤波效果

1.6.4　图像锐化

图像边缘是图像的基本特征之一，它是指图像中特性(如像素灰度、纹理等)分布的不连续处，是图像周围特性有阶跃变化或屋脊状变化的那些像素集合。图像边缘存在于目标与背景、目标与目标、基元与基元的边界，它标示出目标物体或基元的实际含量，是图像识别信息最集中的地方。

边缘增强就是突出图像边缘，抑制图像中非边缘信息，使图像轮廓更加清晰，这个过程通常称为图像锐化。在图像平滑中，采用的各种平均法起到了平滑的作用，这种作用对应于积分法；反之，使用微分法将使高频分量得到增强，从而使给定的图像边缘锐化，也就是检测到图像的边缘信息。梯度是函数变化的一种度量，而一幅图像可以看作图像强度连续函数的取样点阵列。因此，同一维情况类似，图像灰度值的显著变化可用梯度的离散逼近函数来检测。

MATLAB中提供了用于边缘检测的edge函数，它的主要格式为BW＝(I，method，

thresh)，指对灰度输入图像 I 进行边缘检测，检测方法由 method 确定，阈值由 thresh 指定。

1）Roberts 梯度锐化

Roberts 算子为梯度幅值计算提供了一种简单的近似方法：

$$G(i,j)=|f(i,j)-f(i+1,j+1)|+|f(i+1,j)-f(i,j+1)| \tag{1-6}$$

用 Roberts 算子对输入图像进行边缘检测，二值化阈值为 0.08，得到的图像效果如图 1-21 所示，其中图(a)为原始图像，图(b)是其通过 Roberts 梯度运算并进行二值化的结果。

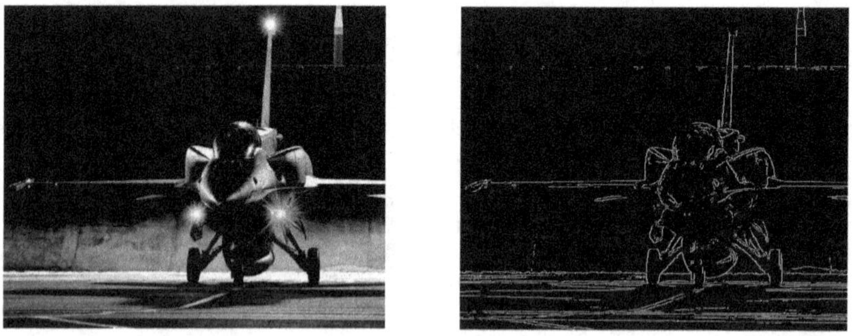

(a) 原始图像　　(b) 经Roberts算子边缘检测后的图像

图 1-21　图像边缘检测效果

2）Sobel 和 Prewitt 算子锐化

由于采用 3×3 的邻域可以避免在像素之间内插点上计算梯度，所以实际应用中常用 Sobel 算子和 Prewitt 算子，它们计算梯度幅值的公式为：

$$\boldsymbol{M}=\sqrt{\boldsymbol{G}_x^2+\boldsymbol{G}_y^2}$$

对于 Sobel 算子，$\boldsymbol{G}_x$ 和 $\boldsymbol{G}_y$ 可用以下卷积模板来实现：

$$\boldsymbol{G}_x=\begin{bmatrix}-1 & 0 & 1\\ -2 & 0 & 2\\ -1 & 0 & 1\end{bmatrix} \quad \boldsymbol{G}_y=\begin{bmatrix}1 & 2 & 1\\ 0 & 0 & 0\\ -1 & -2 & -1\end{bmatrix}$$

对于 Prewitt 算子，$\boldsymbol{G}_x$ 和 $\boldsymbol{G}_y$ 可用以下卷积模板来实现：

$$\boldsymbol{G}_x=\begin{bmatrix}-1 & 0 & 1\\ -1 & 0 & 1\\ -1 & 0 & 1\end{bmatrix} \quad \boldsymbol{G}_y=\begin{bmatrix}1 & 1 & 1\\ 0 & 0 & 0\\ -1 & -1 & -1\end{bmatrix}$$

图 1-22 给出了采用 Sobel 和 Prewitt 算子对图像进行边缘检测结果，其中图(a)为原始图像，图(b)是其通过 Sobel 算子进行边缘检测后的图像，图(c)为其通过 Prewitt 算子进行边缘检测后的结果。

(a) 原始图像　(b) 经Soble算子边缘检测后的图像　(c) 经Prewitt算子边缘检测后的图像

图 1-22　图像锐化效果

3）Laplacian 算子和 LoG 算子

前面讨论的是用一阶导数进行边缘检测，如果所求的一阶导数高于某一阈值，则确定该点为边缘点，但这样做会导致检测的边缘点太多。一种更好的方法就是求梯度局部最大值对应的点并认定它们是边缘点。若用阈值来进行边缘检测，则会出现一些假的边缘点。但通过去除一阶导数中的非局部最大值，可以检测出更精确的边缘。一阶导数的局部最大值对应着二阶导数的零交叉点，这意味着在边缘点处有一阶导数的峰值，即此处有二阶导数的零交叉点。这样，通过找图像强度的二阶导数的零交叉点就能找到边缘点。

Laplacian 算子和 LoG 算子是二阶微分算子常用来实现图像的边缘检测。用 Laplacian 算子和 LoG 算子对图像进行边缘检测的结果如图 1-23 所示，其中图(a)是对原始图像用 Laplacian 算子进行边缘检测的结果，图(b)是用 LoG 算子进行边缘检测的结果。

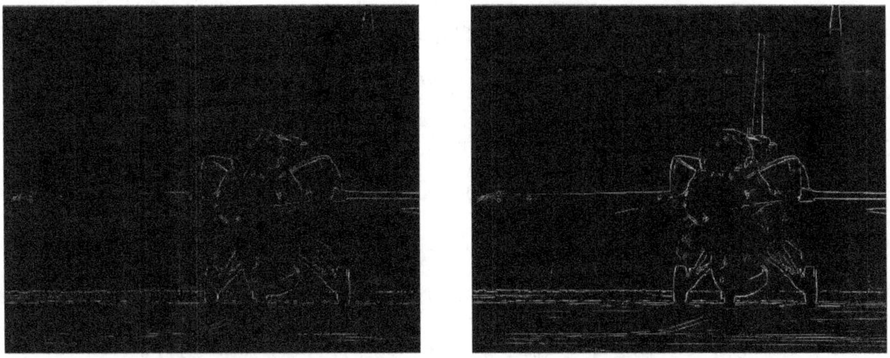

(a) Laplacian算子边缘检测结果　(b) LoG算子边缘检测结果

图 1-23　采用二阶微分算子的边缘检测结果

1.7　图像处理系统的组成和应用

1.7.1　图像处理系统的组成

完成图像处理功能通常要涉及图像的形成、处理、传输和显示。图 1-24 展示了一个简单的图像处理系统的构成，它通常包括图像获取设备、图像处理设备、图像存储设备、图像输出设备等。

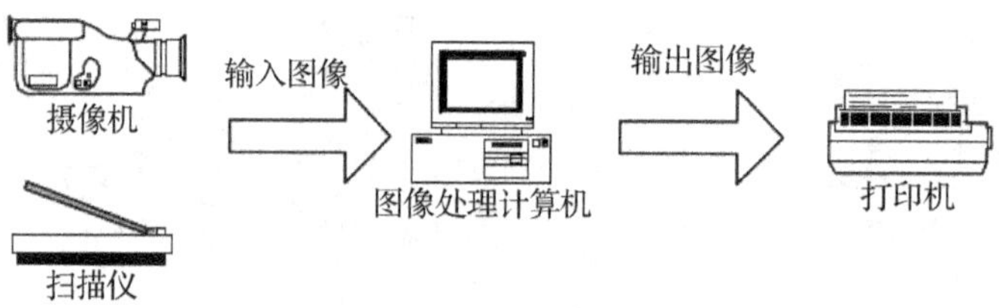

图 1 - 24　图像处理系统的组成

图像获取设备是完成从自然界中获取物体图像表示的设备，例如图 1 - 24 中的摄像机、扫描仪等，它们大多通过 CCD 和 CMOS 成像，完成光电转换，输出电信号表示的图像。有些设备可以直接输出数字形式的图像，例如扫描仪、USB 摄像头、数码相机等，但是有些设备（例如大多数监控用的摄像头）输出的还是模拟信号，这时图像需要经过数字化后才能由计算机处理。通常这些数字化过程由计算机上配备的图像采集卡来完成。图像采集卡的主要功能是完成模拟图像的数字化过程，在以往较旧的图像处理系统上大多配备有它。此外，若想完成多路图像的采集，通常也需要图像采集卡。

图像处理设备是图像处理系统的核心，它根据要求完成图像处理的各种运算、分析、控制和传输等任务，通常由具有高速运算能力的 CPU 来完成。过去 PC 的计算机能力有限，通常需要采用专门的图像处理设备，现在随着 PC 中 CPU 速度的提高，很多图像处理的功能都由计算机来完成。此外也有一些专门的 CPU 可以充当图像处理器，例如一些专用的 MPEG 编解码芯片、DSP 芯片等，它们具有体积小、运算快、成本低等优点。

图像存储设备的主要目的是完成图像信息的拷贝和存储。由于图像数据的尺寸很大，对它的存储需要大容量的存储器，以前多用磁带机来存储大容量的图像，而随着现代硬盘容量的快速增长，大容量硬盘越来越多地应用于图像存储。CD 光盘具有便于携带等优点，也越来越多地用于图像存储。为了尽量多地存储图像，通常要对图像进行压缩后再存储。

图像输出设备通常用于完成图像显示、打印等任务。计算机显示器是常用的图像输出设备，打印机和绘图仪也经常用于图像的输出。输出图像通常对设备的分辨率要求较高，否则输出的图像效果不好。现在的照片打印机也可以很好地输出高质量的图像。

有些图像处理系统还包括图像传输设备，例如会议系统、可视电话、视频聊天系统等。

1.7.2　数字图像处理的应用

图像是人类获取和交换信息的主要来源，因此图像处理的应用领域必然涉及人类生活和工作的方方面面。随着人类活动范围的不断扩大，图像处理的应用领域也在不断扩大。

1）工业生产

数字图像处理技术已经有效地应用于工业生产中的加工、装配、拆卸与质量检查等环节，例如机械手的手眼系统、车型识别、信函分拣工业自动控制以及印刷电路板、集成电路芯片掩膜板、药片外形、汽车零部件的质量自动检查(逐个检查)等。其中值得一提的是研制具备视觉、听觉和触觉功能的智能机器人,这将会给工农业生产带来新的激励,目前已在工业生产中的喷漆、焊接、装配中得到有效的利用。

2) 生物医学

生物医学是数字图像处理应用得较为广泛的领域之一,在诊断、治疗、病理分析和病案管理等方面使用着大量的数字成像和数字图像处理设备,如 X 射线层析摄影(CT)、超声成像、血管造影、细胞和染色体自动分类等。这些技术和设备大大提高了治疗诊断水平,减轻了病人的痛苦。图 1-25 给出了胸部 X 光片图像。

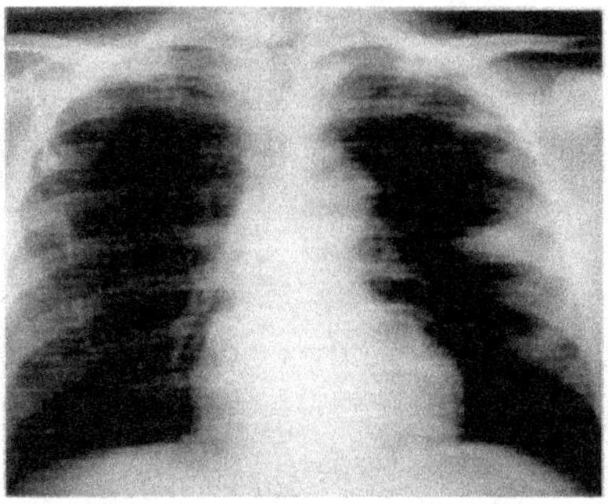

图 1-25　胸部 X 光片图像

3) 遥感信息处理

卫星遥感和航空测量有大量的图像需要处理,包含两部分内容:一是图像校正,由于卫星、飞机是空中运动物体,装载的成像传感器受卫星、飞机的姿态、运动、时间和气候条件等影响,摄取的图像存在畸变,需要进行自动校正;二是通过分析、处理遥感图像,有效地进行资源勘探、国土规划、灾害调查、农作物估产、气象预报以及军事目标监视等。

许多国家每天派出很多侦察飞机对地球上感兴趣的地区进行大量的空中摄影,在对由此得来的照片进行处理分析时,以前需要雇用几千人,而现在改用配备有高级计算机的图像处理系统来判读分析,既节省了人力,又加快了速度,还可以从照片中提取人工所不能发现的大量有用情报。自 20 世纪 60 年代末以来,美国及一些国际组织发射了资源遥感卫星(如 LANDSAT 系列)和天空实验室(如 SKYLAB),但由于成像条件受飞行器位置、姿态、环境条件等影响,图像质量总不是很高。以如此昂贵的代价进行简单直观的判读来获取图像是不合算的,所以必须采用数字图像处理技术。如 LANDSAT 系列陆地卫星采用多波段扫描器(MSS),在 900 km 高空对地球每一个地区以 18 天为一周期进行扫描成像,其图像分辨率大致相当于地面上十几米或 100 米左右(如 1983 年发射的 LANDSAT-4 的分辨率为 30 m)。这些图像在空中先被处理(数字化,编码)成数字信号并存入磁带中,在卫星经过地面站上空时,再高速传送下来,然后由处理中心分析判读。这些图像无论是在成像、存储、传输过程中,还是在判读分析中,都必须采用很多数字图像处理方法。现在世界各国都在利用陆地卫星所获取的图像进行资源调查(如森林调查、海洋泥沙和渔业调查、水资源调查等)、灾害检测(如病虫害检测、水火检测、环境污染检测等)、资源勘察(如石油勘查、矿产量探测、大型工程地理位置勘探分析等)、农业规划(如土壤营养、水分和农作物生长、产量的估算等)、城市规划(如地质结构、水源及环境分析等)。我国也陆续开展了以上诸方面的一些实际应用并获得了良好的效果。在气象预报和对太空中其他星球的研究方面,数字图像处理技术也发挥了相当大的作用。

4）科学研究

数字图像处理作为一种二维或多维信息处理技术，与相关领域知识配合，成为科学研究中学习获取和处理的主要技术手段之一。例如电子显微镜的图像分析和重构在天文、金相、燃料、生物、流体力学等众多方面都有应用。

5）通信广播

当前通信的主要发展方向是声音、文字、图像和数据结合的多媒体通信，具体来说是将电话、电视和计算机以三网合一的方式在数字通信网上传输。数字图像和数字视频在通信广播中扮演着主要角色，已经进入我们的社会生活中。常见的数字图像和数字视频设备有可视电话、会议电视、卫星电视、数字电视、“画中画”、高清晰度电视、VCD 播放机、DVD 播放机、多媒体通信设备、计算机网络通信设备等。

6）军事国防

数字图像处理是一种高技术，一般来说，高技术总是首先应用于军事国防领域，已经有许多战例说明由数字图像信息处理技术作为核心控制部件的精确制导武器的威力，它是被动方式工作，隐蔽性好，抗干扰能力强，智能化程度高，可以无须人工干预，实现“打了不管”，能在复杂背景中精确地控制导弹命中目标。

7）其他领域

数字图像处理在公安、体育、影视、考古等其他领域也有着广泛应用。例如，数字化影视特技可以让我们欣赏到非常壮观的画面；指纹、脸相、手纹、虹膜、耳形、步态、DNA 等人体生物统计特征的提取和识别，为公安人员抓获罪犯提供有用的信息。图 1－26 给出了常用于识别的车牌图像和指纹图像。此外，数字图像处理技术也应用到电视画面的数字编辑、动画制作、电子图像游戏制作、纺织工艺品设计、服装设计与制作、发型设计、文物资料照片的复制和修复、运动员动作分析和评分等领域，现在已逐渐形成一门新的艺术，即计算机美术。

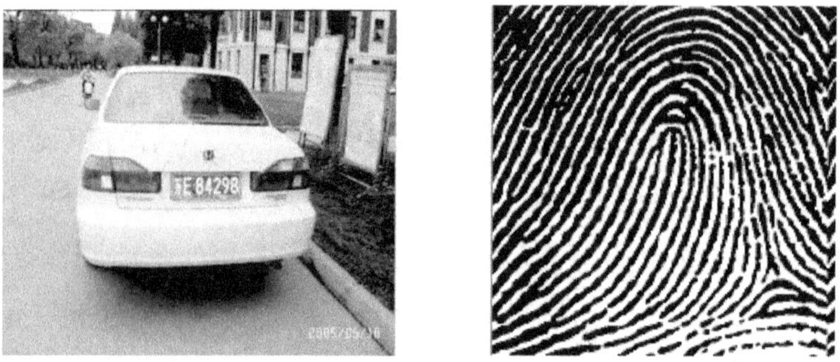

(a) 车牌图像　　(b) 指纹图像

图 1－26　车牌与指纹识别

［参考文献］

[1] 李云红，屈海涛. 数字图像处理[M]. 北京：北京大学出版社，2012.
[2] 章毓晋. 图像工程(上册):图像处理[M]. 北京:清华大学出版社,2006.
[3] 杨帆，等. 数字图像处理与分析[M]. 北京：北京航空航天大学出版社，2007.
[4] 曹茂永. 数字图像处理[M]. 北京：北京大学出版社，2007.
[5] 沈庭芝，方子文. 数字图像处理及模式识别[M]. 北京：北京理工大学出版社，1998.
[6] 龚声蓉，刘纯平，王强，等. 数字图像处理与分析[M]. 北京：清华大学出版社，2006.
[7] 刘直芳，王运琼，朱敏. 数字图像处理与分析[M]. 北京：清华大学出版社，2006.
[8] 朱虹，等. 数字图像处理基础[M]. 北京：科学出版社，2005.
[9] 李朝晖. 数字图像处理及应用[M]. 北京：机械工业出版社，2004.
[10] 王永明，王贵锦. 图像局部不变性特征与描述[M]. 北京：国防工业出版社，2010.
[11] 彭真明，雍杨，杨先明. 光电图像处理及应用[M]. 成都：电子科技大学出版社，2013.

第 2 章　图像配准方法

在图像处理领域，图像配准是一个十分基础的研究范畴，是图像融合、图像拼接、目标检测与识别的必要前提，广泛应用于军事、遥感、医学、电力设备、计算机视觉等领域。

图像配准，就是在变换空间中寻找一种或多种变换，对两幅或多幅图像中的同一目标进行对正，确定图像间对应点的匹配关系，用于将不同时间、不同空间、不同场景、不同视觉或者不同成像条件下的两幅或者多幅图像进行叠加、对准、匹配、拼接、融合等操作，用以校正图像之间的平移、旋转、缩放、扭曲等几何和灰度差异，消除来自不同传感器的图像中目标的位置差异，减小目标的位置差别及噪声引起的畸变，进而达到空间上的一致。

目前最常用的图像配准方法主要分为基于灰度信息的图像配准和基于特征点的图像配准。

2.1　基于灰度信息的图像配准

灰度信息法直接利用两幅图像之间灰度度量的相似性，以图像内部的信息为依据，采用搜索方法寻找相似度最大或者最小的点，确定参考图像和待配准图像之间的变换参数。具体来说，就是将图像分为基准图像和待配准图像，在待配准图像的已知重叠区域中裁剪出一块矩形区域作为模板，而后在基准图像中选取同样大小的一块区域进行对比，根据相似程度来确定最佳的匹配位置。这种方法实现简单，不需要对参考图像和待配准图像进行复杂的预处理；缺点是运算量大。

这里介绍常用的四种算法，即平均绝对差（MAD）、绝对误差和（SAD）算法、误差平方和（SSD）算法和序贯相似性检测算法（SSDA）。设 Src(x, y)是大小为 $M\times M$ 的原始图像，Mask(x,y)是 $N\times N$ 的模板图像。

2.1.1　MAD 算法

平均绝对差（Mean Absolute Differences，MAD）算法的目的是在原始图像中找到与模板图像匹配的区域。

MAD 算法的基本原理为：在搜索图 Src 中，以(i,j)为左上角，取 $N\times N$ 大小的子图，计算其与模板的相似度；遍历整个搜索图，在所有能够取到的子图中，找到与模板图最相似的子图作为最终匹配结果。

相似度测量公式为：

$$D(i,j)=\frac{1}{M\times N}\sum_{s=1}^{M}\sum_{t=1}^{N}|S(i+s-1,j+t-1)-T(s,t)| \tag{2-1}$$

2.1.2 SAD 算法

绝对误差和(Sum of Absolute Differences,SAD)算法的思想实际上与 MAD 算法几乎完全一致,只是其相似度测量公式有一点改动。

SAD 算法的相似度测量公式为:

$$D(i,j)=\sum_{s=1}^{M}\sum_{t=1}^{N}|S(i+s-1,j+t-1)-T(s,t)| \tag{2-2}$$

2.1.3 SSD 算法

误差平方和(Sum of Squared Differences,SSD)算法也叫差方和算法。实际上,SSD 算法与 SAD 算法如出一辙,只是其相似度测量公式有一点改动,它计算的是子图与模板图的 L2 距离。

SSD 算法的相似度测量公式为:

$$D(i,j)=\sum_{s=1}^{M}\sum_{t=1}^{N}[S(i+s-1,j+t-1)-T(s,t)]^2 \tag{2-3}$$

2.1.4 SSDA

图像匹配计算量大的原因在于搜索窗口在待匹配的图像上进行滑动,每滑动一次就要做一次匹配相关运算,在不匹配点做的运算就是“无用”的,从而导致计算量上升。

序贯相似性检测算法(Sequential Similarity Detection Algorithm,SSDA)在计算匹配度的同时,不断累积模板和像素的灰度差,当累积值大于某一指定阈值时,则说明该点为非匹配点,进行下一个位置的计算,这样大大减少了计算复杂度。

SSDA 的基本原理为:在 $A(x,y)$ 和 $B(x,y)$ 进行匹配的窗口内按像素逐个累加误差,即

$$\varepsilon(x,y)=\sum_{j}\sum_{k}|A(j,k)-B(j+x,k+y)| \tag{2-4}$$

如果在窗口内全部点被检测完之前该误差很快达到了预定的阈值,则认为该窗口位置不是匹配点,无需检验窗口内剩余点,而转向计算下一个窗口位置,从而节省了大量的非匹配位置处的计算量;如果在窗口内误差累积值上升很慢,记录累积的总点数,当检验完毕时,取最大累加点的窗口位置为匹配点。

SSDA 描述如下:

(1) 定义绝对误差:实际应用中,常用两种绝对误差

$$\varepsilon(i,j,s,t)=|S_{ij}(s,t)-\bar{S}_{ij}+T_{ij}(s,t)+\bar{T}_{ij}| \tag{2-5}$$

$$\varepsilon(x,y)=\sum_{j}\sum_{k}|A(j,k)-B(j+x,k+y)| \tag{2-6}$$

公式(2-5)中绝对误差是子图与模板图各自去掉其均值后对应位置之差的绝对值;公式(2-6)中绝对误差是子图和模板图对应位置之差的绝对值。

(2) 设定阈值 Tk。

(3) 在模板图中选取像素,计算其与当前子图的绝对误差,然后将误差累加,当误差累加值超过了 Tk 时,记下累加次数 r,所有子图的累加次数 r 用 $Tn(i,j)$来表示。

(4) 把 $Tn(i,j)$值最大的(i,j)点作为匹配点。在计算过程中,当随机点的累加误差和超过了阈值(记录累加次数 r)后,则放弃当前子图转而对下一个子图进行计算。遍历完所有子图后,选取最大 T 值所对应的(i,j)子图作为匹配图像(若 S 存在多个最大值,则取累加误差最小的作为匹配图像)。

由于随机点累加值超过阈值 Tk 后便结束当前子图的计算,所以不需要计算子图所有像素,大大提高了算法速度。

2.2 基于 SIFT 的图像配准算法研究

基于特征点的图像配准就是从待匹配的图像中选择一些特征点,利用特征点的匹配来确定对应关系。常用的特征包括颜色、角点、特征点、轮廓、纹理等。SIFT(Scale-Invariant Feature Transform,尺度不变特征变换)算法由 David 教授于 1999 年提出,经过 5 年深入研究,于 2004 年完善。SIFT 算法通过对图像进行不同程度的模糊与缩放,产生具有不同比例的图像,然后从这些图像中分别提取特征。由于 SIFT 特征是图像的局部特征,对平移、旋转和尺度变换均具有不变性,对光照变化、噪声、视觉变化具有较强的鲁棒性,而且其独特性好、数量多、可扩展性好,故在图像配准领域得到了广泛应用。SIFT 算法的基本流程见图 2-1。

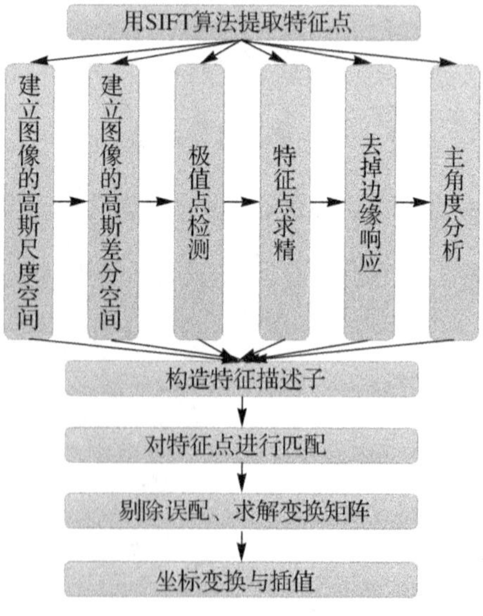

图 2-1 经典 SIFT 算法的图像配准流程图

2.2.1　SIFT 特征点提取

1）尺度空间建立

为了使特征具有尺度不变性，特征点的检测是在多尺度空间里完成的。高斯卷积核是实现尺度变换的唯一线性变换核，一幅图像在尺度空间里可表示为图像与可变高斯核函数的卷积，采用高斯拉普拉斯(Laplacian of Gaussian，LoG)算子表示如下：

$$L(x,y,\sigma)=G(x,y,\sigma)*I(x,y) \tag{2-7}$$

然而在实际应用中，SIFT 算法使用 DoG(Difference of Gaussian，高斯差分)算子构建尺度空间，因为 DoG 算子和 LoG 算子相似，均能够检测出稳定的特征点，关键是 DoG 算子的计算方法简单，直接利用尺度空间中相邻图像进行相减即可。将 DoG 与 $I(x,y)$进行卷积，如下所示：

$$D(x,y,\sigma)=(G(x,y,k\sigma)-G(x,y,\sigma))*I(x,y)=L(x,y,k\sigma)-L(x,y,\sigma) \tag{2-8}$$

这样，就完成了 DoG 尺度空间的构建。

2）局部极值点的检测

DoG 尺度空间的局部极值点是根据每一个采样点和它所有的相邻点比较得到的。图 2-2 为 DoG 尺度空间的 3 个相邻尺度，对于某层图像上的一个点，需要跟同尺度的相邻 8 个像素点和相邻尺度对应位置的 9×2 个像素点即总共 26 个像素点进行比较，如果比这 26 个像素点都大或者都小，我们就可以认为该点就是尺度空间的极值点。这样提取出的局部极值点即作为候选特征点，它只粗略确定了对应的位置和尺度。

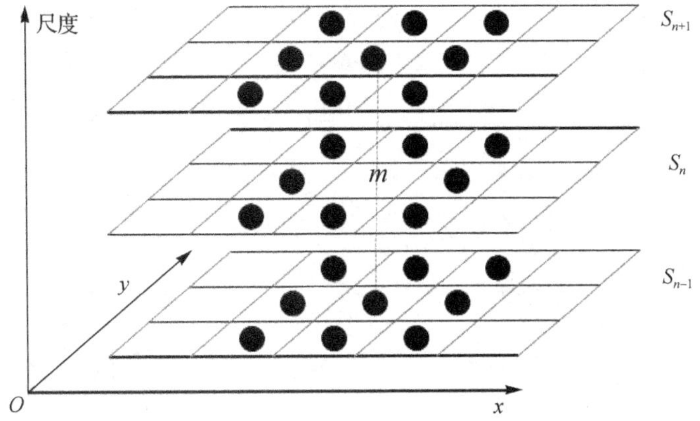

图 2-2　DoG 空间局部极值点检测

3）候选特征点的精确定位

通过以上方法检测得到的候选特征点不一定是真正的极值点，这是由图像空间的量化特性决定的，可以通过子像素点插值的方法去估计较为精确的极值点位置，这就是定位的过程。将 DoG 算子在采样点处对 X 执行三维二次泰勒展开等算法，最后得到 $\boldsymbol{D}(\hat{\boldsymbol{X}})=\boldsymbol{D}+\frac{1}{2}\frac{\partial \boldsymbol{D}^{\mathrm{T}}}{\partial \boldsymbol{X}}\hat{\boldsymbol{X}}$，对于偏移量大于 0.5 的点应予以剔除。

由于低对比度的候选点可能因对噪声敏感而不稳定，所以须将此类点过滤掉。通常将$|D(\hat{X})|<0.03$的极值点视为低对比度的不稳定点进行剔除(假设图像灰度值的范围是0～1)。

另外，由于DoG算子在图像中的区域边界上有着很强的响应，而这些区域边界很容易因为很小的噪声就变得不稳定，因此也要去除初始检测到的不稳定的边缘响应点，以增强匹配的稳定性及抗噪声性能。判断的依据是主曲率计算，因为位于图像边缘处的假特征点在边缘交叉处的主曲率较大，而在垂直方向上主曲率较小，故可利用这个性质除去假特征点。常用$Hessian$矩阵求主曲率。

4) 特征点的主方向分析

每个特征向量的模和方向可以通过下面两个式子计算得到：

$$m(x,y)=\sqrt{(L(x+1,y)-L(x-1,y))^2-(L(x,y+1)-L(x,y-1))^2} \quad (2-9)$$

$$\theta(x,y)=\arctan((L(x,y+1)-L(x,y-1))/(L(x+1,y)-L(x-1,y))) \quad (2-10)$$

以(x,y)为中心统计邻域内各像素的梯度方向，一般把角度平均分为36份，这样就可以得到一个含有36柱的直方图。直方图的权值由各像素点的幅度值叠加得到。找到该直方图中权值幅度最大的柱，则该柱所代表的角度即该特征点的主方向。

至此，图像的特征点已经提取完毕，每个特征点有3个信息:位置、所处尺度、主方向。

2.2.2 构造SIFT特征描述子

接下来就是对这些检测到的特征点进行描述，生成$SIFT$特征描述子。首先将坐标轴旋转为特征点的主方向，以确保旋转不变性；其次以特征点为中心取16×16的邻域作为采样窗口，将其分为16个4×4的区域，对每个4×4的区域以45°为单位建立8条目的梯度方向直方图，将采样点与特征点的相对方向按高斯加权，这样就可以构建16个8条目的梯度方向直方图，从而得到16个8维的向量；最后对每个梯度方向直方图按照同一种次序依次排列构成128维的$SIFT$特征向量，即128维的$SIFT$特征描述子，如图2-3所示。

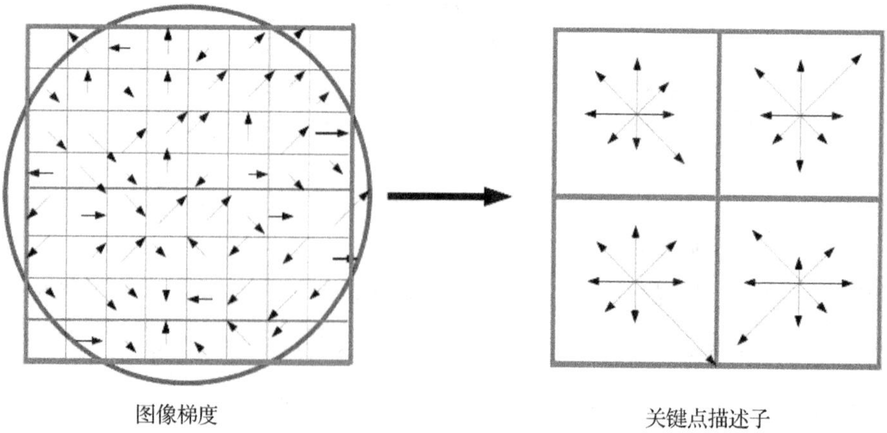

图2-3 SIFT特征描述子的生成

2.2.3　SIFT 特征点匹配

特征点匹配是判断两组特征点集合是否匹配、找到集合间匹配对的过程。对于一个理想的局部特征，如果该特征对应着同一物体或相同场景，那么从不同图像获得的特征点应该具有高相似度；反之，具有高相似度和一致性的两组特征点应该对应着两幅图像中的同一物体或相同场景。

当两幅图像的 SIFT 特征向量生成后，将特征点特征向量的欧氏距离作为两幅图像中 SIFT 特征点的相似性判定度量。相似度判别方法有很多，最常见的有最近邻方法和次近邻(Second Nearest Neighbor，SNN)方法。为了提高匹配效率，本书使用基于 k-d 树的最近邻(Nearest Neighbor，NN)方法进行配准。取参考图像中的某个特征点，并找到待配准图像中与它之间的欧氏距离最近的前两个特征点，在这两个特征点中，如果最近邻距离除以次近邻距离少于某个比例阈值(一般取 0.6～0.75)，则接受这一对匹配点。该比例阈值越低，SIFT 匹配点数目就越少，但更加稳定。

2.2.4　剔除误配

虽然 SIFT 算法的 128 维特征描述子具有良好的容错性，但在配准之后，也可能出现误匹配点对。通过实验分析可知，这往往是由于图像本身存在多种相似物体造成的，因此还需要进一步剔除误匹配点对。从实验中可以发现，通过减小配准过程中设定的阈值 T，可以达到剔除误配的效果，但同时也很容易损失一部分正确的配准点对。故可采用随机采样一致即 RANSAC(Random Sample Consensus)方法来获取最佳配准点对，进而达到剔除误配的目的。

随机选择的匹配点对数是根据选取的变换模型确定的，距离阈值 T 和 RANSAC 方法中的随机采样次数 N 都是通过实验得到的经验值。

2.2.5　坐标变换与插值

一幅图像中可能会出现多种类型的几何畸变，在本书中，我们所考虑的主要是平移、旋转、比例缩放等基本变换。对基本变换进行组合就形成了我们常见的几种模型，主要包括刚体变换、仿射变换、投影变换和非线性变换。从理论上来讲，待配准图像经过空间变换后，应将其与参考图像置于同一坐标系下，并且同名点应处于同一位置。

每一种空间变换模型所得到的待配准图像的变换矩阵是不一样的，故在进行待配准图像的坐标变换前，得确定待配准图像的空间变换模型是哪一种。在得到待配准图像的变换矩阵后，要将待配准图像做相应参数变换以使其与参考图像处于同一坐标系下。

由于配准后的图像的像素点在同一坐标系下映射到参考图像的位置坐标并不能保证一定是整数，如果出现非整数坐标，则无法直接取得该点的灰度值，因此需要对该位置进行插值重采样来获取近似准确的灰度值。常用的插值方法有最近邻插值法、双线性插值法和立方卷积插值法。综合了对速度与效果的考虑，本书采用双线性插值法。

2.2.6 实验结果与分析

对红外与可见光进行图像配准操作，得到两幅图片的特征点如图 2-4 所示。

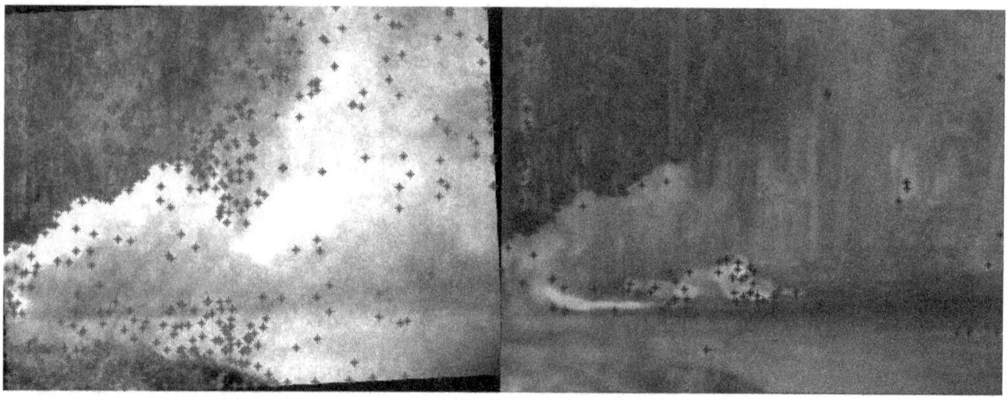

图 2-4 SIFT 特征点的提取

特征点的匹配如图 2-5 所示。

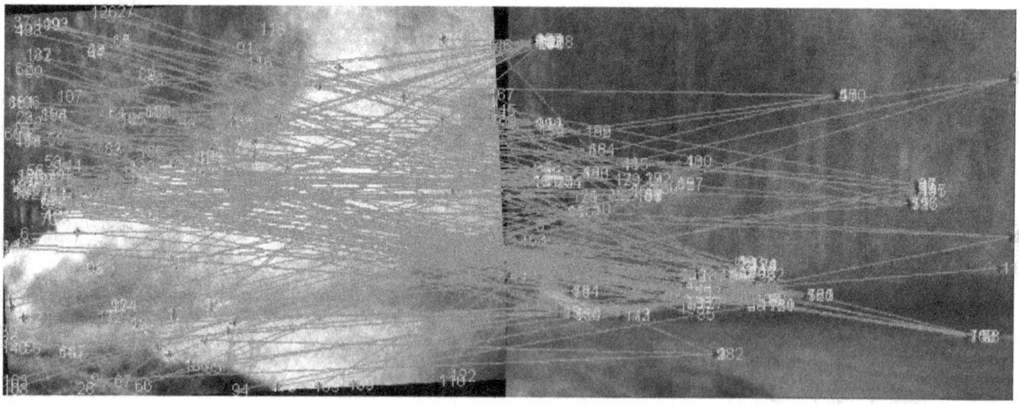

图 2-5 SIFT 特征点的匹配

剔除误配后的匹配点对如图 2-6 所示。

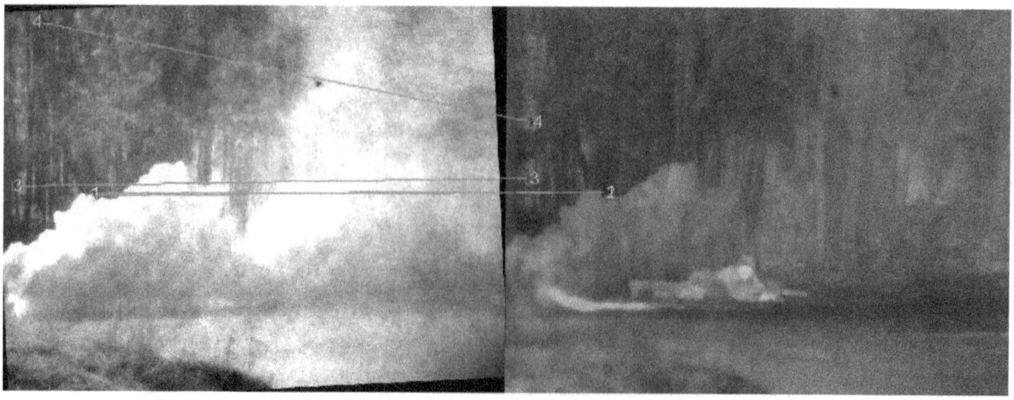

图 2-6 剔除误配后的匹配点对

从上述实验可以得到如表 2-1 所示的数据。

表 2-1　SIFT 图像配准数据

关键点数	匹配点对数	剔除误配后的匹配点对数
840/112	199	4

2.2.7　SIFT 算法应用于多源图像配准中的问题

从上述实验可以看出，经典 SIFT 算法对于单源图像的配准效果比较好，但在多源图像配准中，即本书的研究对象——红外与可见光图像配准，效果并不是那么好，甚至可能会失效。

经典 SIFT 算法在红外与可见光图像配准中的应用主要存在以下问题：

1）关键点检测重复性差

这里的重复性差是指对于同一场景下拍摄的多幅图像，一幅图像在某位置上检测出来关键点在其他图像中不能重复，无法在对应位置检测出关键点。

红外图像的噪声较光学图像严重，光斑噪声对 DoG 尺度空间中尺度较小层的局部极值点检测影响很大，造成伪关键点。而大部分关键点都是从 DoG 尺度空间中的尺度较小层检测出来的，所以伪关键点数量很多。再加上成像原理不同而导致图片的性质有差异，SIFT 算法在红外图像上检测出的关键点有很多无法在可见光图像上检测出来。

关键点检测是基于 SIFT 特征点配准的第一步，对后续匹配有着很大影响，大量无法重复的关键点会造成误匹配点对数量大大增加，最终导致配准失败。

2）主方向不可靠

主方向是特征点信息中最重要的一个信息，如果同名点的主方向选取相差较大，那么其后根据主方向确定的 SIFT 描述子就会匹配失败。主方向不可靠问题在灰度差异较大的多源图像中尤为严重。

3）提取的特征点较少

从上述实验可以看出，同源图像提取出的特征点要明显多于多源图像提取出的特征点，而特征点提取相当于后续特征描述和特征匹配的基础，基础越雄厚，匹配效果越好；基础越薄弱，匹配效果相应地也就越差。如果图像提取出的特征点不够，就会使匹配点对数目达不到要求，导致匹配失效。

4）SIFT 描述子不可靠

SIFT 描述子的区分度比较好，适合用于特征匹配。对于同源图像来说，SIFT 描述子具有平移、旋转、尺度变化和光照变化不变性；但是，对于红外图像与可见光图像这两种灰度分布差异较大的异质图像来说，SIFT 并不具有不变性，这就导致多源图像上本应相同的描述子的区别较大，被错误地区分开。

5）匹配方法不可靠

在经典的 SIFT 图像配准算法中，常用的 SIFT 描述子匹配方法是比值提纯法。但在多源图像配准问题中，由于图像性质的差异，距离可靠性较低，所以匹配方法暴露出来的问题就变得严重了。实验表明，比值提纯法筛选出来的匹配点对绝大部分都是外点，会进一步造成 RANSAC 失效。

6）原因分析

经典 SIFT 算法在多源图像配准中为什么会存在这么多缺陷？对此，分析如下：上述缺陷都是由红外与可见光图像配准问题的特殊性造成的。这个特殊性特殊在什么地方？其一，两者的成像机理是不同的，红外传感器与可见光传感器的工作波段相差较大，而且红外图像的特点是整体灰度分布低、信噪比较低、对比度较低，所以红外图像与可见光图像间的相关性较小，图像的灰度特性相差较大，缺乏一致性特征，这样的配准相对于单传感器而言无疑难度更大；其二，两者的成像条件和场景具有一定的复杂性，我们研究的具体对象是军事目标，它具有隐蔽性、多变性、突发性等特点，这无疑给图像配准带来不小的麻烦。

2.2.8 小结

本节从各个具体步骤对经典的 SIFT 算法进行了详细的概述，包括尺度空间的构建、局部极值点的检测、特征点的精确定位、主角度分析、SIFT 描述子的构造等，对相关细节进行了深入的研究。从实验中我们可以看出，SIFT 描述子对于同源图像特征点的尺度、旋转、平移以及轻微的视角变换具有不变性；但是，将 SIFT 算法直接运用于红外图像与可见光图像这两种异质图像时，会出现匹配点对数量不够多、精度不够准的问题，影响到模型参数估计的情况。针对上述问题，首先进行归纳，再进行理论分析，为下一步进行多源图像配准算法的改进提供思路、打下基础。

2.3 基于改进 SIFT 的红外与可见光图像配准方法研究

2.3.1 图像预处理

由于军事战场的现场采集条件具有一定复杂性，不可避免地给红外与可见光图像带来噪声干扰与失真，这些噪声干扰会使得图像模糊和分辨率降低，从而使图像信息受损，图像质量下降，从而导致信噪比的降低；同时红外图像与可见光图像这两种异质图像的灰度相关性较低，综合考虑以上两个方面，非常有必要采取预处理措施来减小噪声对图像的影响，增强两种异质图像的相关性，以利于高精度和快速的图像配准。

关于多源图像的预处理方法，主要研究了红外负像、非线性灰度变换、直方图均衡化、图像去噪方法，用它们对红外与可见光图像进行处理，并结合 SIFT 算法进行图像匹配。这几种方法都可以进行一定程度的噪声去除，各自有各自的优点。图像预处理方法有很好的图像去噪能力和图像保真能力,有助于提高后续的配准性能。

1）红外负像

可见光图像是物体反射可见光所形成的,如光滑的表面由于反射率高就显得亮,而粗糙的表面由于反射率低就显得暗。而物体热图像是物体自身辐射所形成的,反映的是物体自身的辐射能力,如光滑的表面发射率较低,粗糙的表面发射率较高,因此相同温度物体的热图像,其光滑表面较暗,而粗糙表面较亮,从这点来看,热图像更接近可见光图像的负像。因此将红外图像先取负像再与可见光图像配准可以达到更好的配准效果。

2）非线性灰度变换

非线性灰度变换对于要进行扩展的亮度范围是有选择的,扩展的程度随着亮度值的变换而连续变化。有两种变换方法:对数变换,可对图像的低亮度区给予较大的扩展而对高亮度区进行压缩;指数变换,可对图像的高亮度区给予较大的扩展。

对数变换使得不同点的灰度值靠近,而指数变换拉大了不同点的灰度值距离,所以指数变换提高了图像的对比度。当然,它的主要目的是进一步提高灰度值高的点的像素值,而对数变换在一定程度上降低了像素值,所以可以认为这是一种图像压缩,主要是为了使灰度值低的点能比原来稍微突出一些。这两种灰度变换从两个不同方面对多源图像的灰度弱相关问题进行改进。

3）直方图均衡化

一般情况下,如果图像的灰度分别集中在较窄的空间,从而引起图像细节的模糊,那么为了使图像细节清晰,并使一些典型军事目标得到突出,达到增强图像的目的,可通过改善各部分亮度的比例关系,即通过直方图的方法来实现。

直方图均衡化是将一已知灰度概率密度分布的图像,通过某种变换,使其变成一幅具有均匀灰度概率密度分布的新图像,其结果是扩展了像素点取值的动态范围,从而达到增强图像对比度的效果。

4）图像去噪

图像去噪的目的是分离图像中的有用信息与干扰噪声。本书将去噪技术运用到多源图像的预处理中,再结合经典的 SIFT 图像配准算法进行实验。本书所用到的图像去噪方法有中值滤波法、均值滤波法和基于小波变换的图像去噪方法。

5）实验分析

利用上述的图像预处理方法,对红外图像进行处理,结果如图 2-7 和图 2-8 所示。

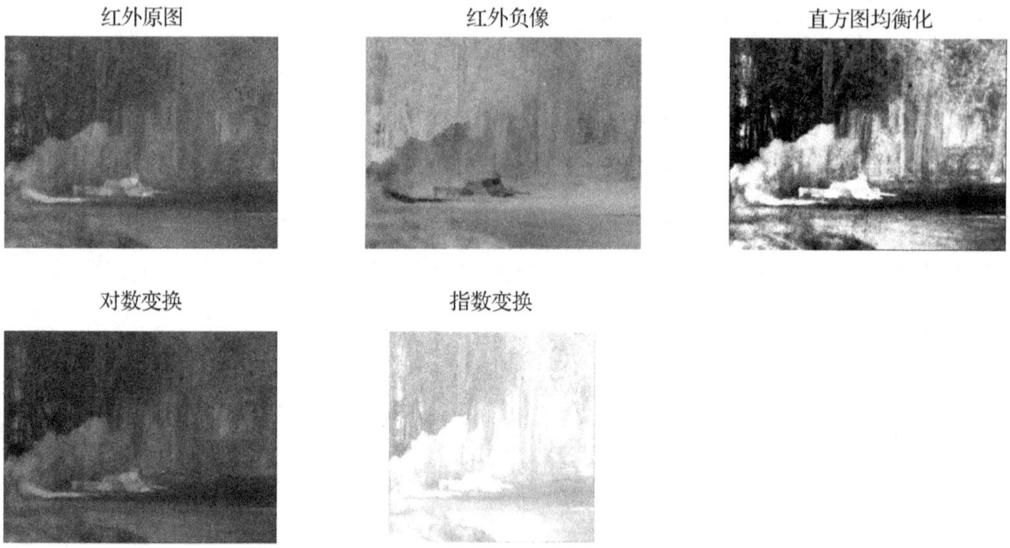

图 2-7　图像预处理(一)

图 2-8　图像预处理(二)

2.3.2　基于边缘特征提取与增强的 SIFT 多源图像配准算法

从前文可知,即使是在同一景象中,红外图像与可见光图像表现出来的无论是灰度特征还是目标细节特征,都是有很大差异的。但是通过观察可以发现,这两种类型的图像反映的景象边缘特征虽然不完全一致,但是边缘的位置大致上是一致的。虽然不是所有的表面边界都在两幅图像中出现同一边缘,但是在两幅图像中仍然存在对应于边缘的子集。这些边缘的对应点就可以作为多源图像配准的基础。但是,相比于可见光图像,红外图像反映的是物体的辐射信息,对比度相对较低,不同物体交界(即边缘所在处)的地方比较模糊。因此,本节提出一种基于边缘特征提取与增强的 SIFT 多源图像配准算法，对经过边缘增强后的图像提取 SIFT 特征点，并利用其进行图像配准。通过此方法，大大增加了提取的特征点数，提高了匹配成功率。本节采用 Canny 算子来提取红外与可见光图像的边缘。

1）边缘提取

在图像的特征中，边缘是最基本也是最特别的一类特征，所谓边缘指的是周围灰度有反差变化的那些像素点的集合。边缘蕴含了图像丰富的内在信息，保留了原始图像中相当重要的部分信息，而又使得总数据量减小很多，这很符合特征检测的要求。常用的边缘检测方法有 Roberts 算子、Sobel 算子、Prewitt 算子、LoG 算子、Canny 算子等。

在这些众多的边缘检测方法中，Canny 算子是一种最优边缘提取算子，它广泛运用于图像处理领域。该算子的基本思想是：先对处理的图像选择一定的高斯滤波器进行平滑滤波，抑制图像噪声；然后采用非极性抑制，细化平滑后的图像梯度幅值矩阵，寻找图像中的可能边缘点；最后利用双阈值检测，通过双阈值递归寻找图像边缘点，实现边缘提取。

Canny 算子与其他边缘提取方法的不同之处在于，它使用了两种不同的阈值分别检测强边缘和弱边缘，并且仅当弱边缘与强边缘相连时才将弱边缘包含在输出图像中。相较于其他一阶传统微分算子，它检测阶跃型边缘的效果最好，去噪能力更强。

2）实验分析

在本节算法中，设计了两组实验进行比对，实验一是经过边缘提取与增强的图像配准，实验二是未经过边缘提取与增强的图像配准。

首先利用 Canny 算子对实验图像进行边缘特征提取与增强，得到的结果如图 2－9 和图 2－10 所示。

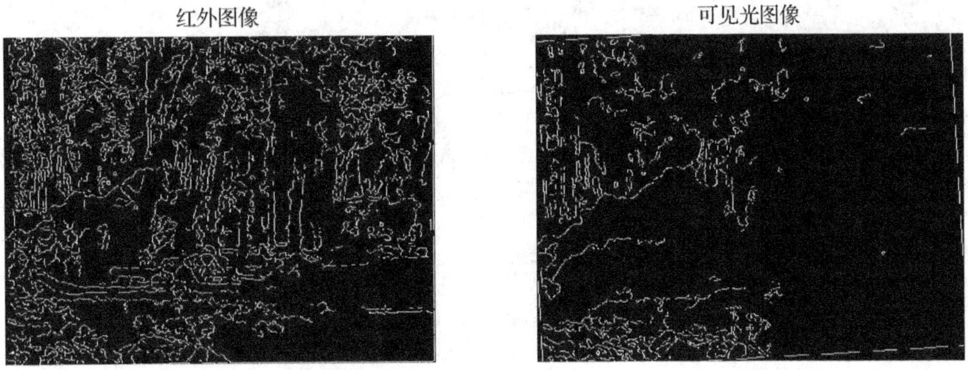

图 2－9 图像边缘提取

再利用 SIFT 图像配准算法对上述处理后的图像进行配准，得到的结果图像如图 2－11 和图 2－12 所示。

图 2-10　图像边缘增强

图 2-11　特征点匹配

图 2-12　剔除误配

利用 MATLAB 编程实验得到两组比对实验数据如表 2-2 所示。

表 2-2　基于边缘提取与增强的图像配准算法效果

实验	关键点数	匹配点对数	剔除误配后的匹配点对数
实验一	11 346/2 770	18	15
实验二	154/98	7	4

通过上面一组对比实验，我们可以发现经过 Canny 算子对图像进行边缘提取与增强后，提取出的 SIFT 特征关键点有了显著增加，匹配点对数也相应增加，这大大提高了配准成功率。

2.3.3　SIFT 算法自身的改进

由 2.1 节中可知，直接将经典 SIFT 算法运用于多模态图像配准会出现诸多问题，比如只能提取出极少数的特征点相匹配、具有较高的误配率等，达不到图像配准的要求。本节提出对经典的 SIFT 算法进行改进，以提高其特征点匹配性能，适应多模态图像的配准。实验表明，所提出的几处改进方法对匹配点的提取和误配率的降低起到了重要作用。

1）关键点的保存

经典 SIFT 算法的候选特征点的精确定位步骤会对边缘对比度低的点和关键薄弱点进行去除。而在很多情况下，尤其是对于多源图像的配准处理，一个图像的特征点可能就在一个非常“不起眼”的角落里，甚至是一个没有存在于另一个传感器的角落里。对于多源图像配准，不能轻易放过这些边边角角，尽量保存每一个关键点，所以将这个去除低对比度点的过程删除。

2）描述子的窗口增大

通常来说，SIFT 算法一般运用于平移、旋转、尺度变换等图像配准场合，这些图像变形使得特征点匹配更加困难，但对象的背景通常是不会改变的，除非拍摄时地理位置发生了大的改变。为了充分利用背景的不变性和减少太多类似点带来的缺点，应该增加在圆形局部邻域中的被用来计算描述子的关键点图像。增加关键点描述子的邻域有利有弊，优点是关键点的稳定性得到了提升、正确匹配的关键点数量增加、匹配精度提高；缺点是在图像边界区域的关键点数量减少，而且延长了计算时间、扩大了灵敏度较大的区域。上述优点促使我们选择较大的邻域，而考虑到缺点则不宜选择太大的邻域。因此考虑到优缺点，综合实验分析，将标准 SIFT 邻域的 3.5 倍区域作为最优选择。

3）更多的描述子子区域

关键区域半径增加了 3.5 倍，子区域的大小也会随之变大，不同图案的子区域产生相同梯度方向直方图的概率也会大大增加。为解决这一问题，将经典 SIFT 算法中围绕关键点邻域划分的方法进行改变，将之前的 4×4 个子区域变成 6×6 个子区域，这样一来，描述子的维度将从原来的 $4\times4\times8=128$ 维变成 $6\times6\times8=288$ 维，广义维度的增加提供了一个更好的方法来区分关键点。

4）忽略最大差异

在经典 SIFT 算法的特征点匹配步骤中，计算多源图像中两个关键点描述子之间的欧氏距离时，128 个尺寸差异较大的子区域会给正确匹配带来阻碍。为此，我们可以减少其影响，在单一维度的描述子中忽略每个描述子对的最大差异，并计算欧氏距离剩余的 127 个维度（在改进的 SIFT 算法中是剩余的 287 个维度）。

5）适当扩大比例阈值

在特征点匹配步骤中，为了提高匹配效率，本节使用基于 k-d 树的最近邻方法进行配准。取参考图像中的某个特征点并找到待配准图像中与它之间的欧氏距离最近的前两个特征点，在这两个特征点中，如果最近邻（NN）距离除以次近邻（SNN）距离少于某个比例阈值（一般取 0.6～0.75），则接受这一对匹配点。该比例阈值越低，SIFT 匹配点数目就越少，但更加稳定。而考虑到多源图像配准的特点，通过实验分析，比例阈值一般取 0.8～0.85，这样一来 SIFT 匹配点数目就增加了。

针对上述的五处改进方法，结合 MATLAB 编程，将其运用到多源图像配准中去，得到的效果相较于经典的 SIFT 算法有所提升。

2.3.4 混合 SIFT 多源图像配准方法

在前三小节中，分别对图像的预处理、基于边缘特征提取和增强的 SIFT 算法、SIFT 算法的自身改进进行了研究，发现改进方法各有优势，故将其融合在一起，提出一种基于改进的 SIFT 多源图像配准方法，其基本思路是：首先对实验图像进行预处理，预处理的方法根据其效果进行选择；再对红外图像进行边缘提取与增强；最后利用改进后的 SIFT 算法对处理好的实验图像进行配准，得出结论并进行分析。

2.3.5 实验结果与分析

在本节中，针对图像变换中的平移、旋转、尺度变换和混合变换等若干种情况进行实验，利用上述改进的 SIFT 多源图像配准算法对实验图像进行配准，并根据图像配准算法性能评价指标对已配准图像进行评价。

实验三：该实验属于平移情况的图像配准，如图 2－13 所示，参考图像为可见光图像，待配准图像为红外图像，经编程处理得到实验结果如图 2－14 和图 2－15 所示。

在实验三中，对待配准图像进行的预处理为对数变换。

实验四：该实验属于旋转情况的图像配准，如图 2－16 所示，参考图像为红外图像，待配准图像为可见光图像，经编程处理得到实验结果如图 2－17 和图 2－18 所示。

图 2-13　实验三的原图

图 2-14　实验三的匹配点对图

图 2-15　实验三的已配准图像

图 2-16　实验四的原图

图 2-17　实验四的匹配点对图

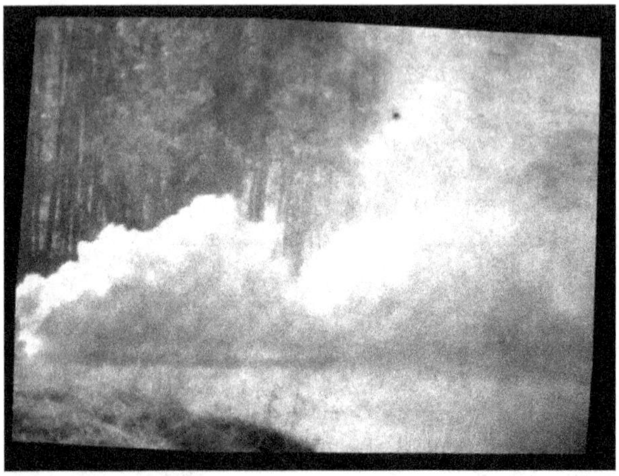

图 2-18　实验四的已配准图像

在实验四中，对待配准图像进行的预处理为基于小波变换的图像去噪。

实验五：该实验属于混合情况的图像配准，包括图像的平移、旋转和尺度变换，如图 2-19 所示，参考图像为可见光图像（分辨率为 768×576），待配准图像为红外图像（分辨率为 384×

288)，经编程处理得到实验结果如图 2-20 和图 2-21 所示。

图 2-19　实验五的原图

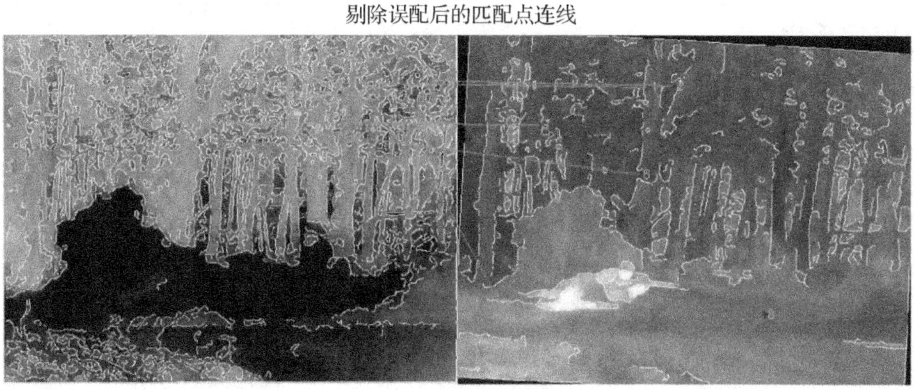

图 2-20　实验五的匹配点对图

图 2-21　实验五的已配准图像

在实验五中，对待配准图像进行的预处理为可见光负像处理。

同时得到上述三组实验的数据如表 2 - 3 所示。

表 2 - 3　图像配准实验对比数据

实验	关键点数	匹配点对数	剔除误配后的匹配点对数
实验三	4 091/1 106	76	10
实验四	11 346/2 770	10	8
实验五	5 633/2 177	19	7

根据图像配准算法性能指标对已配准图像进行评价，得到如表 2 - 4 所示的结果。

表 2 - 4　图像配准评价

评价指标	实验三	实验四	实验五
均方根误差 RMSE	0.324 5	0.542 3	0.433 2
结构相似度 SSIM	0.973 4	0.923 3	0.978 2
互信息值 MI	0.652 0	0.436 1	0.623 3
配准时间 T	14.267 s	17.327 s	24.301 s
误配率 EM	0.868 4	0.2	0.631 6

通过以上三组实验可以看出，即使在图像经过简单形变的情况下，改进的 SIFT 算法仍能实现多源图像的配准。同时可以总结出，对于形变越复杂的图像进行配准，其配准精度和配准效率会呈下降趋势。

为了更好验证本节提出的改进的 SIFT 算法的有效性和可靠性，对经典 SIFT 算法和改进的 SIFT 算法进行对比，并用图像配准算法性能指标对已配准图像进行评价，得到如表 2 - 5 所示的结果。

表 2 - 5　两种 SIFT 算法的配准效果对比

评价指标	经典 SIFT 算法	改进的 SIFT 算法
均方根误差 RMSE	0.763 3	0.542 3
结构相似度 SSIM	0.732 4	0.923 3
互信息值 MI	0.241 6	0.436 1
配准时间 T	12.776 s	17.327 s
误配率 EM	0.979 9	0.2

通过上面两组数据的对比，从配准效果上看，改进的 SIFT 算法要优于经典 SIFT 算法；从误配率上看，通过改进的 SIFT 算法得到的匹配点对的准确率大大提高。结合主观评价，这些结果充分说明了本节所提出算法的鲁棒性好，受噪声影响较小。但有一点不足之处是，混合 SIFT 多源图像配准算法的配准效率有所降低，这是因为图像预处理、边缘提取与增强使得 SIFT 特征点增多，后期处理会使得配准时间增长。

2.3.6 小结

本章重点围绕经典 SIFT 算法直接运用于多源图像配准时出现的问题进行研究，分别进行图像预处理、边缘提取与增强、SIFT 算法自身的改进，并提出一种混合 SIFT 多源图像配准方法。本章分别进行了平移、旋转、尺度变换和混合变换等相应的红外与可见光图像配准实验，并利用配准算法性能指标对已配准图像进行评价。这些实验验证了改进算法可以实现以上几种类型图像的高效精确配准。通过以上理论研究和实验证明本节提出的算法是切实有效的，它要优于经典 SIFT 算法。

[参考文献]

[1] 丘文涛. 多源图像配准技术的研究[D]. 长春：中国科学院研究生院(长春光学精密机械与物理研究所)，2012.

[2] 倪国强，刘琼. 多源图像配准技术分析与展望[J]. 光电工程，2004，31(9)：1-6.

[3] 苑津莎，赵振兵，高强，等. 红外与可见光图像配准研究现状与展望[J]. 激光与红外，2009，39(7)：693-699.

[4] 田阿灵，赵振兵，高强. 基于 SIFT 的电力设备红外/可见光图像配准方法[J]. 电力科学与工程，2008，24(2)：13-15.

[5] Lowe D G. Object recognition from local scale-invariant features[C]//Proceedings of the Seventh IEEE International Conference on Computer Vision. September 20-27，1999. Kerkyra，Greece. IEEE，1999：1150-1157.

[6] 魏晓敏. 图像配准算法研究与系统设计实现[D]. 南京：南京航空航天大学，2010.

[7] 刘金侠. 基于特征的图像配准和图像融合算法研究[D]. 西安：中国科学院研究生院(西安光学精密机械研究所)，2012.

[8] 陈显毅. 图像配准技术及其 MATLAB 编程实现[M]. 北京：电子工业出版社，2009.

[9] 刘力. 基于局部特征的多源图像配准和识别研究[D]. 上海：上海交通大学，2013.

[10] 吕步云. SIFT 结合图像信息的多源遥感图像配准技术研究[D]. 杭州：杭州电子科技大学，2015.

[11] 杜以荣. 基于改进 SIFT 算法的图像配准[J]. 电子设计工程，2017，25(6)：185-189.

[12] 芮挺，张升雾，周遊，等. 具有 SIFT 描述的 Harris 角点多源图像配准[J]. 光电工程，2012，39(8)：26-31.

[13] 李健，王滨海，李丽，等. 基于 SIFT 的电力设备红外与可见光图像的配准和融合[J]. 光学与光电技术，2012，10(1)：75-78.

[14] 臧丽，王敬东. 基于互信息的红外与可见光图像快速配准[J]. 红外与激光工程，2008，37(1)：164-168.

[15] Lowe D G. Distinctive image features from scale-invariant keypoints[J]. International Journal of Computer Vision，2004，60(2)：91-110.

[16] 谢剑斌，闫玮，刘通. 视频分析算法 60 讲[M]. 北京：科学出版社，2014.

[17] 汪道寅. 基于 SIFT 图像配准算法的研究[D]. 合肥：中国科学技术大学，2011.

[18] 田阿灵. 基于 SIFT 的红外与可见光图像配准方法研究[D]. 保定：华北电力大学，2008.

[19] 李颖. 基于 SIFT 的图像配准及其应用研究[D]. 武汉：中南民族大学，2012.

[20] 袁杰. 基于 SIFT 的图像配准与拼接技术研究[D]. 南京：南京理工大学，2013.

[21] 董博，陶忠祥，苏伍各. 基于 SIFT 的红外与可见光图像配准方法[J]. 火力与指挥控制，2011，36(11)：168-171.

[22] 汪淑梦. 基于改进的 SIFT 算法的图像配准技术的研究与实现[D]. 北京：中国地质大学，2013.

[23] 汪松. 基于 SIFT 算法的图像匹配方法研究[D]. 西安：西安电子科技大学，2013.

[24] 焦斌亮，樊曼曼. 基于改进 SIFT 算法的多源遥感影像配准研究[J]. 激光与红外，2011，41(12)：1383-1386.

[25] 赵明，林长青. 基于改进 SIFT 特征的红外与可见光图像配准方法[J]. 光电工程，2011，38(9)：130-136.

[26] 赵振兵. 电气设备红外与可见光图像的配准方法研究[D]. 保定：华北电力大学，2009.

[27] 赵钰. 基于小波变换的图像配准与融合技术研究[D]. 杨凌：西北农林科技大学，2012.

[28] 吴刚. 基于改进 SIFT 算法的多源遥感图像自动配准技术[D]. 杭州：浙江工业大学，2012.

[29] 张蕾. 红外与可见光图像融合技术研究[D]. 长春：中国科学院研究生院(长春光学精密机械与物理研究所)，2015.

第 3 章　图像融合基础知识

3.1　图像融合概述及国内外研究现状

随着图像传感器技术的飞速发展，获取多传感器图像融合数据的手段和工具也在不断丰富。目前已经研制出了用于高质量图像的各种先进的传感器设备，但单一传感器只能获取部分场景信息，如何获取更为全面和准确的场景图像描述，克服单一传感器图像的局限性和差异性，成为迫切需要解决的一个热点问题。

图像融合是信息融合的一个重要分支，它综合处理多源通道信息，旨在大幅提高图像信息利用率以及系统对目标探测识别的可靠性和自动化程度，其应用领域遍及遥感图像处理、可见光图像处理、红外图像处理、医学图像处理等，目前已在军事、遥感、医学等领域以及计算机视觉、目标识别和情报获取等应用中发挥了重要作用。

图像融合旨在生成一幅图像，和源图像相比，融合图像综合了多幅图像的互补和冗余信息，比任何单一图像更能有效地对场景进行描述，也更加适合进一步的图像处理任务。但对于不同的应用场合或不同的图像源，融合要求和融合目的并不完全相同，融合算法也不尽相同。

目前的图像融合方法主要包括传统的图像融合方法和基于深度学习的图像融合方法。典型的传统图像融合方法包括：基于多尺度变换的融合方法、基于稀疏表示的融合方法、基于显著性的融合方法、基于优化模型的融合方法等。

3.1.1　传统的图像融合方法

1）基于多尺度变换的融合方法

基于多尺度变换的融合方法首先将源图像进行多尺度分解，将其变换到另外一个域中；然后融合包含在源图像中的信息，通过相应的重构算法获得最终的融合图像。应用于图像融合的常用变换域方法包括拉普拉斯金字塔、离散小波变换、离散余弦变换、非下采样轮廓波变换、独立成分分析等。由于这些图像表示方法与人类视觉系统的生理机理是一致的，变换域方法被认为是非常有效的多模态图像融合方法，并被大量应用于红外与可见光图像融合中。这类方法的另外一个优点是将降噪处理和融合框架结合在一起，可以有效地处理噪声图像的融合问题。

基于多尺度变换的图像融合方法有两个主要的缺点。第一个缺点是，融合图像对比度丢失。由于低通子带包含了图像的大部分能量，采用取平均准则融合低通子带系数容易丢失源图像中的一部分能量。对于多聚焦图像，由于其是利用同一类型的传感器获取的，这种现象还不明显。但是，对于可见光-红外图像融合来说，基于多尺度变换的图像融合结果经常具有低对比度。这主要是由于不同的成像方法反映不同的物理特征，因此同一区域在不同的源图像中可能具有不同的亮度。基于多尺度变换的图像融合方法的第二个缺点是选择分解层数困难。一方面，为保证从源图像中提取足够的空间细节信息，分解层数不能太少；另一方面，当分解层数较多时，低通子带的一个系数对融合图像的大量像素都有影响，因此低通子带的一个小的错误将引起严重的人工效应。此外，当分解层数变多时，高通子带的融合结果对噪声和误配准更加敏感，当源图像没有准确配准时，分解层数不能太多。因此，分解层数的选择要在能够提取足够多的空间细节信息和算法能克服误配准两个方面折中。

2）基于稀疏表示的融合方法

基于稀疏表示的图像融合方法的主要步骤包括：① 利用滑动窗技术将源图像分割成一系列重叠的图像块，并将这些图像块重写为向量形式；② 利用预先定义好的或学习得到的字典对源图像块进行稀疏表示；③ 通过相应的融合规则融合稀疏表示系数；④ 由融合稀疏表示系数重构融合图像。该方法和大多数基于稀疏表示的图像处理方法一样，字典的学习以及稀疏表示算法的执行都是基于局部图像块而不是整幅图像，这就导致基于稀疏表示的图像融合方法具有如下缺点：

一是源图像中诸如纹理和边界等细节信息容易被平滑。首先，字典的信号表示能力不足以表示细节信息，也就是说重构信号和输入信号有差异。冗余字典的表示能力很大程度上依赖于它所包含的原子的个数，但是字典较大会直接增加算法的计算量。更重要的是，研究表明，利用一个高度冗余的字典重构信号容易引起潜在的视觉效应，尤其是当输入信号被噪声干扰时。因此，选择合适大小的字典是很重要的。一个典型的例子是当输入是 64 维的信号（8×8 图像块）时，字典大小为 256。其次，使用滑动窗也容易引起平滑现象。为避免块效应，滑动窗的步长一般设置为 1。尽管如此，当相邻块大量重叠时，融合图像中的一些细节信息也会被平滑。近来，诸如引导滤波（guided filtering）等边界保持滤波器被提出并应用于图像融合中。引导滤波是一种基于局部线性模型的滤波器，该滤波器具有良好的保边平滑和结构传递特性，因此被广泛地应用于图像去噪、细节增强、图像去雾和图像抠图等图像处理领域。

二是当源图像是通过不同的成像模式获取时，最大 l_1 -范数准则容易导致融合图像的空间不连续性。对于多源图像融合来说，同一区域在一幅图像中可能很亮而在另一幅图像中则可能很暗，但是该区域在两幅图像中可能都很“平坦”，并且包含很少的细节信息。尽管同一区域在两幅源图像中视觉上是平坦的，但是它们的方差仍然有差异，并且这种差异在该区域的所有图像块中是一致的。也就是说，在源图像 A 中该区域的一个图像块比源图像 B 中对应的图像块具有较大的方差，那么在源图像 A 中该区域的大多数图像块都比源图像 B 中相应的图像块的方差大。由于这种差异是极小的，在空间域中，一个小的像素值的变化可能影响几个图像块的融合结果，因此最大 l_1 -范数准则将会对随机噪声非常敏感。该区域的融合图像块可能来自不同的源图像，这将导致融合图像的空间不连续性。又由于基于稀疏表示的图像融合方法是在空间域中处理图像块，因此高频噪声的影响也是很大的。

三是计算效率低。由于滑动窗的步长要设置得尽可能小，因此算法要处理大量的图像块。举个例子，当图像块大小为 8×8、滑动窗步长为 1 时，大小为 256×256 的源图像要处理 62 001 个图像块。这种情况下，通常融合两幅源图像需要几分钟的时间。

3）基于显著性的融合方法

基于显著性的图像融合方法的核心思想是在融合过程中考虑区域的显著性。显著性方法一般是基于人眼更关注某些比周围区域突出的目标的特性。基于显著性的方法可以增强显著目标的亮度，提升融合图像的质量。这类方法一般有基于显著性的权重计算融合方法和基于显著目标提取的融合方法两种。前者一般是与多尺度分解方法联合使用，在将源图像分解为基础层和细节后，对基础层或者细节层通过显著性提取模型或方法提取得到显著图（saliency map），进而使用显著图计算得到融合的权重图（weight map），对应的基础层或细节层依据对应的权重图融合，最终重建得到融合结果图像。后者一般是采用相应的显著性求取模型如背景差分、像素统计等提取源图像的显著性区域，从而进一步进行融合。这类方法一般效率比较高，适用于视频监控领域如目标检测、识别，但其对显著性提取的方式要求高且整体融合过程比较粗糙，可能会存在细节纹理信息的丢失问题。

4）基于优化模型的融合方法

红外与可见光图像虽为异源图像，但各自有着显著的图像特性。前者主要刻画辐射强度大小，后者主要刻画细节纹理，所以从这个角度出发，相关学者提出了适用于红外与可见光图像融合的优化模型。例如基于梯度转移融合（Gradient Transfer Fusion，GTF）方法，该模型通过总变分最小化的做法来保留红外图像的整体亮度，使用梯度转移的正则项来保留可见光图像的细节纹理，最终取得了良好的融合效果。后期，相关学者又针对 GTF 做了改进，综合考虑了两类图像的亮度信息并提出了新的模型，融合结果在视觉效果上更好。这类方法都很好地利用了红外与可见光图像的特性来制定融合策略，取得了一定的效果。但是，一方面，仅仅使用梯度信息不能够完全表征细节纹理信息，GTF 模型得到的融合图像结果很大程度上像是增强了细节的红外图像；另一方面，这类优化模型的求解方式稍显复杂，可能需要迭代很多次去寻找一个全局最优解，时间开销比较大。

传统的图像融合方法的局限性越来越明显。一方面，为了保证后续特征融合的可行性，传统方法被迫对不同的源图像采用相同的变换来提取特征，但是该操作没有考虑源图像的特征差异，可能导致提取的特征表达能力较差；另一方面，传统的特征融合策略过于粗糙，融合性能非常有限。

3.1.2　基于深度学习的图像融合方法

将深度学习引入图像融合的动机是为了克服传统方法的这些局限性。首先，基于深度学习的方法可以利用不同的网络分支来实现差异化的特征提取，从而获得更有针对性的特征；其次，基于深度学习的方法可以在精心设计的损失函数的指导下学习更合理的特征融合策略，从而实现自适应特征融合。得益于这些优势，深度学习推动了图像融合的巨大进步，获得了远超传统方法的性能。

从实现图像融合的角度来看，现有的基于深度学习的融合方法致力于解决图像融合中的三个子问题，即特征提取、特征融合和图像重建的部分或全部。在采用的深度架构方面，这些基于深度学习的融合策略可以分为基于自动编码器（AE）、基于传统卷积神经网络（CNN）和基于生成对抗网络（GAN）的方法。

1）AE 方法

AE 方法首先在公共数据集上训练自动编码器，例如 MS-COCO，其中编码器专用于提取有效的来自输入图像的特征，而解码器用于重建来自编码特征的输入图像。那么很自然地，经过训练的自编码器可以用来解决图像融合中的两个子问题：特征提取和图像重建。因此，图像融合的关键在于特征融合策略的设计。目前，在红外与可见光图像融合中，特征融合仍然是手工计算的，是不可学习的，例如加法、l_1 -范数、注意力权重。这种手工计算的融合策略很粗糙，限制了红外与可见光图像融合的进一步改进。

2）CNN 方法

一种用于红外与可见光图像融合的 CNN 方法就是端到端地实现图像融合的三个子问题。对于这条技术路线，损失函数和网络结构对最终的融合性能影响很大。对于网络结构的设计，最常见和有效的手段是残差连接、稠密连接和双流架构。由于红外与可见光图像融合没有参考融合图像，损失函数的设计在于表征融合结果与源图像之间对比度和纹理的相似性。主流的损失函数包括强度损失、梯度损失、SSIM 损失和感知损失，它们的权重比决定了信息融合的趋势。CNN 参与红外与可见光图像融合的另一种形式是使用 VGGNet 等预训练网络从源图像中提取特征，并根据这些特征生成融合权重图。从这个角度来说，CNN 只实现了融合，不考虑特征提取和图像重建，得到的融合性能非常有限。

3）GAN 方法

GAN 方法是目前红外与可见光图像融合中最流行的方法，能够隐式完成特征提取、特征融合和图像重建。一般来说，GAN 方法依赖于两种类型的损失函数，即内容损失和对抗性损失。内容损失与 CNN 方法相似，用于融合源图像，而对抗性损失进一步限制了信息融合的趋势。早期用于红外与可见光图像融合的 GAN 方法只是在融合图像与可见光图像之间建立对抗性博弈，以进一步增强可见光图像丰富细节的保留。为了更好地平衡红外与可见光信息，后续方法开始使用具有多个分类约束的单个鉴别器或双鉴别器来同时估计源图像的两个概率分布。一般来说，GAN 方法可以产生有希望的融合结果。然而，在训练期间要保持发生器与鉴别器之间的平衡并不容易。

3.2　图像融合分类

根据融合处理所处的阶段不同，一般将图像融合划分为像素级图像融合、特征级图像融合和决策级图像融合三个层次。图像融合的层次不同，所采用的融合算法以及所适用的范围也不相同。

1）像素级图像融合

像素级图像融合就是直接对图像像素进行处理而达到图像融合的目的。它是在精确配准的前提下，依据某个融合规则直接对各幅图像的像素进行信息融合。像素级图像融合作为其他层次融合的基础，它能尽可能多地保留图像背景和目标的原始信息，提供其他融合层次所不能提供的丰富、精确、可靠的信息，有利于图像的进一步分析、处理与理解，进而提供最优的决策和识别性能。此外，像素级图像融合处理的数据量大，处理速度较慢。图 3－1 为像素级图像融合的基本结构。

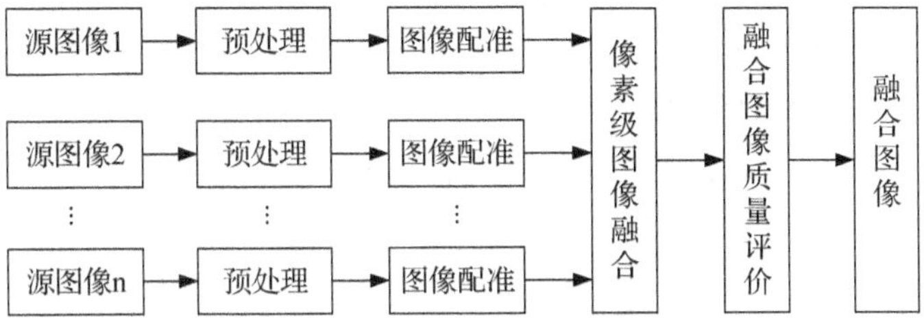

图 3－1　像素级图像融合

2）特征级图像融合

特征级图像融合是从各源图像中提取特征信息（边缘、形状、轮廓、纹理、光谱、相似亮度区域等信息），并对其进行综合分析、处理，从而进行融合。特征级图像融合的优点是既保留了图像中足够的重要信息，又可以对信息进行压缩，有利于实时处理；缺点是相较于像素级融合，信息丢失较多。图 3－2 为特征级图像融合的基本结构。

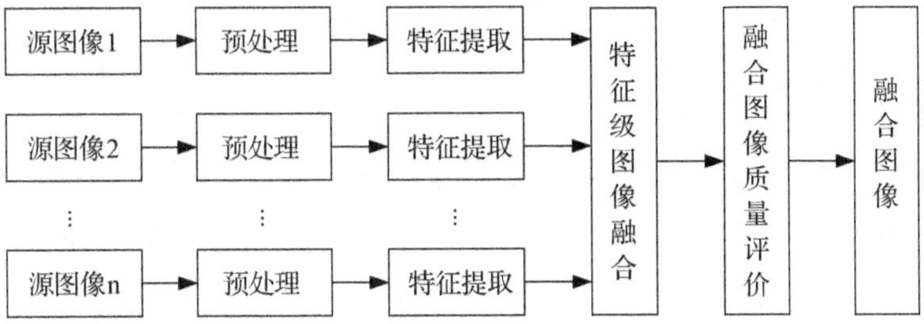

图 3－2　特征级图像融合

3）决策级图像融合

决策级图像融合首先对每幅图像分别建立对同一目标的初步判决和结论，然后对来自各个图像的决策进行相关处理，最后进行决策级的融合处理，从而获得最终的联合判决。决策级图像融合的优点是具有良好的实时性和容错性,缺点是信息损失最多。图 3-3 为决策级图像融合的基本结构。

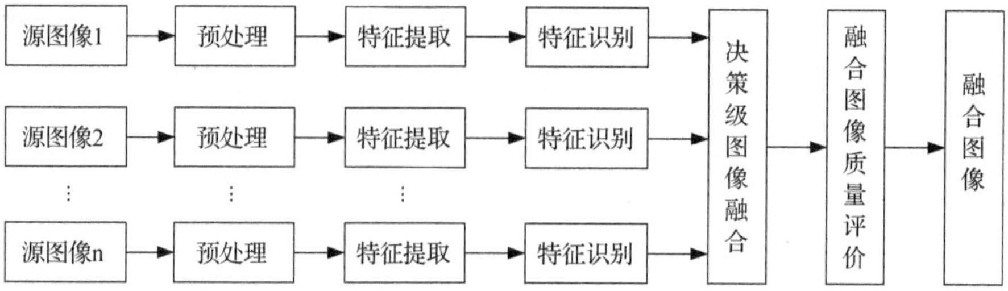

图 3-3　决策级图像融合

对于特定的应用应选择在哪一个层次进行融合是一个系统工程问题,需要综合考虑通信带宽、信源特点、可用计算资源等因素,不存在能够适用所有情况或应用的普遍结构。

虽然基于像素级、特征级以及决策级融合均可以实现多源图像的融合识别,但是不同层次的融合方法在应用性能上存在差异。表 3-1 中具体说明了三种层次的融合方法在性能上的比较。从表中以及前面所介绍的内容可以看出,像素级图像融合是最重要、最根本的图像融合方法,其获取的信息量最多,检测性能最好。

表 3-1　图像融合层次及其性能比较

融合性能	像素级	特征级	决策级
预处理工作量	较小	中等	较大
信息量	较大	中等	较小
信息损失	较小	中等	较大
分类性	较优	中等	较弱
抗干扰性	较弱	中等	较优
容错性	较弱	中等	较优
系统开放性	较弱	中等	较优
融合方法的难易	较难	中等	较易
对传感器的依赖性	较大	中等	较小

3.3　图像融合质量评价

图像融合的目的是改善图像质量和增加融合图像的信息量,为人类决策提供更有效的信息。但是由于人类视觉的主观性和系统的复杂性,到目前为止,还没有一种评价方法能适用于所有的融合方法。目前图像融合质量评价标准主要包括主观评价和客观评价。

3.3.1　主观评价

主观评价是由评价人员直接用肉眼对融合图像的质量进行评估,根据观察者主观感觉的统计结果对图像质量的优劣做出评判。国际上规定的图像评价五级质量尺度和妨碍尺度如表 3-2 所示。

表3-2 主观评价尺度评分表

分数	质量尺度	妨碍尺度
5分	非常好	丝毫看不出图像质量变差
4分	好	能看出图像质量变差，但并不妨碍观看
3分	一般	清楚地看出图像质量变差，对观看稍有妨碍
2分	差	对观看有妨碍
1分	很差	非常严重地妨碍观看

为了保证图像主观评价在统计上有意义，参加评价的观察者应足够多。应该注意的是，如果图像是观察者熟悉的内容，就容易挑出毛病并给出较低分数，而不熟悉图像内容的观察者容易给出较高的分数，这并不能准确反映图像的质量。

主观评价方法通常采用平均主观得分(Mean Opinion Score，MOS)作为实验图像的质量计量方式，一般情况下是选择一定数量的专业人员与非专业人员来为图像打分，再取平均值。用$A(i,k)$表示第i个人对第k幅图像的打分值，分值取在5分以内。因为人眼的分辨能力有限，在五个级别的分值中有时很难作出取舍，所以可以打半分，这样一幅图像的主观评价分计算如下：

$$MOS(k)=\frac{1}{n}\sum_{i=1}^{n}A(i,k) \tag{3-1}$$

3.3.2 客观评价

客观评价用定量的方式评价算法的性能，它是利用某种数学算法模拟人眼对融合图像的视觉感知，从而对融合图像的质量做出定量评价，以降低主观因素对融合性能评价的影响。通常希望所使用的客观评价指标能够反映融合图像中包含的重要可视信息，并且能评价融合方法在转移源图像重要信息方面的能力，最终使得客观评价结果与主观评价结果相一致。

1) 有参图像质量评价指标

对一幅融合后图像$\boldsymbol{F}$进行评价，最简单的一个方法就是将其与一幅已知的参考图像$\boldsymbol{R}$进行比较。这里假设图像大小为$M\times N$。

(1) 均方根误差(Root Mean Square Error，RMSE)

融合图像和参考图像之间的均方根误差定义为：

$$RMSE=\sqrt{\frac{1}{M\times N}\sum_{i=1}^{M}\sum_{j=1}^{N}(F(i,j)-R(i,j))^2} \tag{3-2}$$

均方根误差反映了融合图像与参考图像之间的差异程度，其值越小，说明参考图像与融合图像越相近，其融合效果和质量也就越好。

(2) 相关系数(Correlation Coefficient，CC)

融合图像和参考图像之间的相关系数定义为：

$$CC = \frac{\sum_{i=1}^{M}\sum_{j=1}^{N}[(R(i,j)-\mu_R)(F(i,j)-\mu_F)]}{\sqrt{\sum_{i=1}^{M}\sum_{j=1}^{N}(R(i,j)-\mu_R)^2\sum_{i=1}^{M}\sum_{j=1}^{N}(F(i,j)-\mu_F)^2}} \tag{3-3}$$

其中，μ_R，μ_F 分别为相应图像的均值。相关系数表示融合图像与参考图像的相关程度，两幅图像的相关系数越接近于1，表示图像的接近度越高。

(3) 互信息(Mutual Information，MI)

两幅图像之间的互信息定义为：

$$MI_{AF} = \sum_{i=1}^{n}\sum_{j=1}^{n}\gamma_{i,j}\log_2\frac{\gamma_{i,j}}{p_i q_j} \tag{3-4}$$

其中，$p=\{p_1,p_2,\cdots,p_i,\cdots,p_n\}$ 表示融合图像 **F** 的灰度分布，$q=\{q_1,q_2,\cdots,q_i,\cdots,q_n\}$ 表示源图像 **A** 的灰度分布，$\gamma_{i,j}$ 表示两幅图像的联合概率密度。

于是，融合图像 **F** 与源图像 **A**、**B** 的互信息定义为：

$$MI = MI_{AF} + MI_{BF} \tag{3-5}$$

互信息能够反映融合图像与源图像中信息的相关性。互信息值越大，则表明融合图像从源图像中获取的信息越丰富，因而融合效果也越好。

2) 无参图像质量评价指标

在很多图像融合应用中，我们并没有参考图像，无法与融合图像进行比较。此时，通常使用无参图像质量评价指标对融合图像进行评价。常用的无参图像质量评价指标包括：

(1) 熵(Entropy)

熵的大小表示图像所包含的平均信息量的多少，其定义如下：

$$E = -\sum_{i=0}^{L-1}p_i\log_2 p_i \tag{3-6}$$

其中，L 是灰度级(一般情况下，对灰度图像来说 $L=256$)，p_i 是灰度值 i 在图像中出现的概率。图像熵反映了图像所含信息量的丰富程度。融合图像的熵值越大，表示融合图像包含的信息越丰富，则融合质量越好。

(2) 空间频率(Spatial Frequency，SF)

空间频率定义为：

$$SF = \sqrt{RF^2 + CF^2} \tag{3-7}$$

其中

$$RF = \sqrt{\frac{1}{MN}\sum_{i=1}^{M}\sum_{j=2}^{N}(F(i,j)-F(i,j-1))^2} \tag{3-8}$$

$$CF = \sqrt{\frac{1}{MN}\sum_{j=1}^{N}\sum_{i=2}^{M}(F(i,j)-F(i-1,j))^2} \tag{3-9}$$

分别表示图像的空间行频率和列频率。空间频率可以反映一幅图像在空间域的总体活跃程度，其值越大，融合质量越好。

(3) 基于梯度的评价指标 Q_G

Xydeas 和 Petrović提出了一种评价指标，用来评价从输入图像转移到融合图像的边缘信息量。利用 Sobel 边缘检测算子计算输入图像 $A(i,j)$的边缘强度 $g_A(i,j)$ 和方向 $\alpha_A(i,j)$：

$$g_A(i,j) = \sqrt{s_A^x(i,j)^2 + s_A^y(i,j)^2} \tag{3-10}$$

$$\alpha_A(i,j) = \arctan\left(\frac{s_A^x(i,j)}{s_A^y(i,j)}\right) \tag{3-11}$$

其中，$s_A^x(i,j)$ 和 $s_A^y(i,j)$ 分别表示与水平和垂直方向的 Sobel 模板的卷积结果。输入图像 $\boldsymbol{A}$ 和融合图像 $\boldsymbol{F}$ 之间的相对强度 G^{AF} 和方向值 Δ^{AF} 分别为：

$$G^{AF}(i,j) = \begin{cases} \dfrac{g_F(i,j)}{g_A(i,j)}, & g_A(i,j) > g_F(i,j) \\ \dfrac{g_A(i,j)}{g_F(i,j)}, & \text{其他} \end{cases} \tag{3-12}$$

$$\Delta^{AF}(i,j) = 1 - \frac{|\alpha_A(i,j) + \alpha_F(i,j)|}{\pi/2} \tag{3-13}$$

可以得到边缘强度和方向保持值：

(3-14)

$$Q_g^{AF}(i,j) = \frac{\Gamma_g}{1 + e^{\kappa_g(G^{AF}(i,j) - \sigma_g)}} \tag{3-15}$$

$$Q_\alpha^{AF}(i,j) = \frac{\Gamma_\alpha}{1 + e^{\kappa_\alpha(\Delta^{AF}(i,j) - \sigma_\alpha)}} \tag{3-16}$$

其中，Γ_g、κ_g、σ_g 和 Γ_α、κ_α、σ_α 为决定 sigmoid 函数形状的参数。综合考虑梯度大小和方向，定义边缘信息保持值 $Q^{AF}(i,j)$为：

$$Q^{AF}(i,j) = Q_g^{AF}(i,j)Q_\alpha^{AF}(i,j) \tag{3-17}$$

$$Q_G = \frac{\sum_{n=1}^{N}\sum_{m=1}^{M}[Q^{AF}(i,j)\omega^A(i,j) + Q^{BF}(i,j)\omega^B(i,j)]}{\sum_{n=1}^{N}\sum_{m=1}^{M}(\omega^A(i,j) + \omega^B(i,j))} \tag{3-18}$$

其中权重系数定义为：$\omega^A(i,j) = [g_A(i,j)]^L$，$\omega^B(i,j) = [g_B(i,j)]^L$，$L$ 为一常数。

(4) 基于图像结构相似度的评价指标 Q_Y

结构相似度评价指标(Structural Similarity Index Measure, SSIM)本身是一种全参考的图像评价指标，分别从亮度、对比度和结构三个方面来评价图像质量，符合人类视觉感知效果。Q_Y 定义为：

$$Q_Y = \begin{cases} \lambda(\boldsymbol{\omega})\mathrm{SSIM}(\boldsymbol{A},\boldsymbol{F}\mid\boldsymbol{\omega}) + (1-\lambda(\boldsymbol{\omega}))\mathrm{SSIM}(\boldsymbol{B},\boldsymbol{F}\mid\boldsymbol{\omega}), & \mathrm{SSIM}(\boldsymbol{A},\boldsymbol{B}\mid\boldsymbol{\omega}) \geqslant 0.75 \\ \max\{\mathrm{SSIM}(\boldsymbol{A},\boldsymbol{F}\mid\boldsymbol{\omega}), \mathrm{SSIM}(\boldsymbol{B},\boldsymbol{F}\mid\boldsymbol{\omega})\}, & \mathrm{SSIM}(\boldsymbol{A},\boldsymbol{B}\mid\boldsymbol{\omega}) < 0.75 \end{cases}$$

(3-19)

其中，局部权重 $\lambda(\omega)$ 定义为：

$$\lambda(\omega)=\frac{s(\boldsymbol{A}\mid\omega)}{s(\boldsymbol{A}\mid\omega)+s(\boldsymbol{B}\mid\omega)} \tag{3-20}$$

$s(\boldsymbol{A}|\omega)$和 $s(\boldsymbol{B}|\omega)$分别表示图像 **A** 和 **B** 在窗口 ω 内的方差。

这里列举的几种评价方法是在相关文献中经常使用的一些基本评价方法，在图像融合质量评价中还有多种其他评价方法，在此不再阐述。

[参考文献]

[1] 孙晓刚，李云红. 红外热像仪测温技术发展综述[J]. 激光与红外，2008，38(2)：101-104.

[2] Adu J H，Gan J H，Wang Y，et al. Image fusion based on nonsubsampled contourlet transform for infrared and visible light image[J]. Infrared Physics & Technology，2013，61：94-100.

[3] Ma J Y，Ma Y，Li C. Infrared and visible image fusion methods and applications：A survey[J]. Information Fusion，2019，45：153-178.

[4] Pajares G，De La Cruz J M. A wavelet-based image fusion tutorial[J]. Pattern Recognition，2004，37(9)：1855-1872.

[5] Li S T，Yang B，Hu J W. Performance comparison of different multi-resolution transforms for image fusion [J]. Information Fusion，2011，12(2)：74-84.

[6] Mo Y，Kang X D，Duan P H，et al. Attribute filter based infrared and visible image fusion[J]. Information Fusion，2021，75：41-54.

[7] Li S T，Kang X D，Hu J W. Image fusion with guided filtering[J]. IEEE Transactions on Image Processing，2013，22(7)：2864-2875.

[8] Liu Y，Liu S P，Wang Z F. A general framework for image fusion based on multi-scale transform and sparse representation[J]. Information Fusion，2015，24：147-164.

[9] Yang B，Li S T. Multifocus image fusion and restoration with sparse representation[J]. IEEE Transactions on Instrumentation and Measurement，2010，59(4)：884-892.

[10] Han J G，Pauwels E J，De Zeeuw P. Fast saliency-aware multi-modality image fusion[J]. Neurocomputing，2013，111：70-80.

[11] Ma J Y，Chen C，Li C，et al. Infrared and visible image fusion via gradient transfer and total variation minimization[J]. Information Fusion，2016，31：100-109.

[12] Lin T Y，Maire M，Belongie S，et al. Microsoft coco：Common objects in contex[C]//Proceedings of the European Conference on Computer Vision. Cham，Switzerland：Springer，2014：740-755.

[13] Liu Y，Chen X，Cheng J，et al. A medical image fusion method based on convolutional neural networks [C]//Proceedings of the 20th International Conference on Information Fusion. July 10-13，2017，Xi'an，China. IEEE，2017：1-7.

[14] Ma J Y，Yu W，Liang P W，et al. FusionGAN：A generative adversarial network for infrared and visible

image fusion[J]. Information Fusion, 2019, 48(C): 11-26.

[15] Ma J Y, Xu H, Jiang J J, et al. DDcGAN: A dual-discriminator conditional generative adversarial network for multi-resolution image fusion[J]. IEEE Transactions on Image Processing, 2020,29:4980-4995.

[16] 孙岩. 基于多分辨率分析的多传感器图像融合算法研究[D]. 哈尔滨: 哈尔滨工程大学, 2012.

[17] 刘贵喜. 多传感器图像融合方法研究[D]. 西安: 西安电子科技大学, 2001.

[18] Hankerson D R, Harris G A, Johnson P D ,Jr. Introduction to Information Theory and Data Compression [M]. Boca Raton, Fla. : CRC Press, 1997, 1-36.

[19] Neelakanta P S. Information-theoretic aspects of neural networks [M]. Boca Raton, Fla. : CRC Press, 1999.

[20] Kakihara Y. Abstract methods in information theory[M]. Singapore: World Scientific Pub. Co. , 1999.

[21] Pal N R, Pal S K. Entropy: A new definition and its applications[J]. IEEE Transactions on Systems, Man, and Cybernetics, 1991, 21(5): 1260-1270.

[22] Xydeas C S, Petrović V. Objective image fusion performance measure[J]. Electronics Letters, 2000, 36 (4): 308-309.

[23] Wang Z, Bovik A C, Sheikh H R, et al. Image quality assessment: From error visibility to structural similarity[J]. IEEE Transactions on Image Processing, 2004, 13(4): 600-612.

[24] Yang C, Zhang J Q , Wang X R, et al. A novel similarity based quality metric for image fusion[J]. Information Fusion, 2008, 9(2):156-160.

第 4 章　基于多尺度分解的红外与可见光图像融合方法

为了能够单独地对图像每一不同分辨率上的信息进行更细致的分析，从而有针对性地决定最终融合图像中将要保留合并的内容，基于多尺度分解的图像融合技术应运而生。其基本思想是：将图像进行多分辨率分解，分解为高频子带和低频子带，然后对高频子带和低频子带分别进行融合，图 4－1 给出了基于多尺度分解的图像融合方法的一般框架。

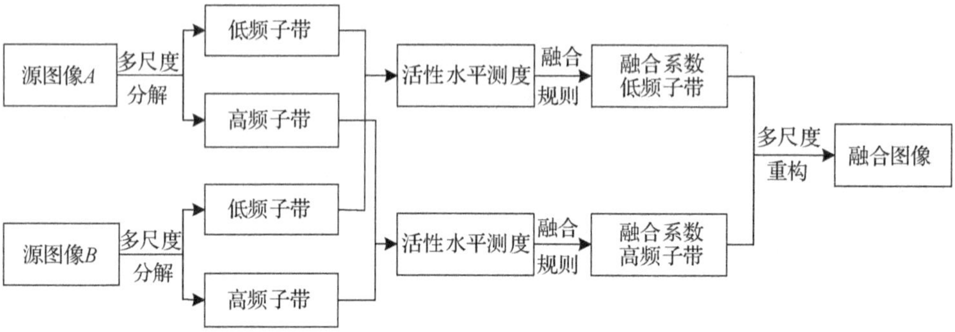

图 4－1　基于多尺度分解的图像融合方法一般框架

4.1　基于拉普拉斯金字塔的图像融合方法

1983 年 Burt 和 Adelson 提出了一种可以获得多尺度的拉普拉斯金字塔方法，基于拉普拉斯金字塔的图像融合方法是最早的一种基于变换域的方法。在这种方法中，源图像不断地被滤波，形成一个塔状结构。在金字塔的每一层都用一种算法对这一层的数据进行融合，从而得到一个合成的塔式结构，然后对合成的塔式结构进行重构，最后得到合成的图像，合成图像包含了源图像的所有重要信息。

1）高斯金字塔

拉普拉斯金字塔源于高斯金字塔，图像高斯金字塔的生成需要进行低通滤波和下采样。

设原始图像为 $\boldsymbol{I}$，令 $G_0(i,j)=I(i,j)(1\leqslant i\leqslant R_0, 1\leqslant j\leqslant C_0)$ 作为高斯金字塔的初始层，也就是第 0 层，那么第 1 层高斯金字塔为：

$$G_1(i,j)=\sum_{m=-2}^{2}\sum_{n=-2}^{2}\boldsymbol{\omega}(m,n)G_0(2i+m,2j+n) \tag{4-1}$$

其中，$1\leqslant i\leqslant\frac{R_0}{2}$，$1\leqslant j\leqslant\frac{C_0}{2}$，即 G_1 比 G_0 在行列尺寸上缩小为$\frac{1}{4}$；$\boldsymbol{\omega}(m,n)$ 被称为生成核，常用

的是如下所示的 5×5 的窗口：

$$\boldsymbol{\omega}(m,n)=\frac{1}{256}\begin{bmatrix}1 & 4 & 6 & 4 & 1\\4 & 16 & 24 & 16 & 4\\6 & 24 & 36 & 24 & 6\\4 & 16 & 24 & 16 & 4\\1 & 4 & 6 & 4 & 1\end{bmatrix} \tag{4-2}$$

也常被称为高斯核函数，这就是高斯金字塔名称的来历。

那么第 k 层高斯金字塔为：

$$G_k(i,j)=\sum_{m=-2}^{2}\sum_{n=-2}^{2}\boldsymbol{\omega}(m,n)G_{k-1}(2i+m,2j+n) \tag{4-3}$$

这样，由 $\boldsymbol{G}_0,\boldsymbol{G}_1,\cdots,\boldsymbol{G}_N$ 一系列逐级缩小的图像从低到高排列就形成了图像 I 的高斯金字塔。为简化起见，引入缩小算子 Reduce，则高斯金字塔的构成过程可简化为：

$$\boldsymbol{G}_k=\mathrm{Reduce}(\boldsymbol{G}_{k-1}) \tag{4-4}$$

2）拉普拉斯金字塔

图像的拉普拉斯金字塔（Laplacian Pyramid，LP）可以通过求取高斯金字塔中每两层图像之间的差异得到。前提是必须把低分辨率图像进行扩充，使其尺寸与高分辨率图像一样。

与图像缩小算子 Reduce 的过程相反，定义图像的扩大算子 Expand 为：

$$\boldsymbol{G}_k^*=\mathrm{Expand}(\boldsymbol{G}_k) \tag{4-5}$$

具体过程为：

$$G_k^*(i,j)=4\sum_{m=-2}^{2}\sum_{n=-2}^{2}\boldsymbol{\omega}(m,n)G_k'\left(\frac{i-m}{2},\frac{j-n}{2}\right) \tag{4-6}$$

$$G_k'\left(\frac{i-m}{2},\frac{j-n}{2}\right)=\begin{cases}G_k\left(\frac{i-m}{2},\frac{j-n}{2}\right), & \text{当}\frac{i-m}{2},\frac{j-n}{2}\text{为整数时}\\0, & \text{其他}\end{cases} \tag{4-7}$$

完整的拉普拉斯金字塔定义如下：

$$\left.\begin{aligned}\boldsymbol{LP}_k&=\boldsymbol{G}_k-\mathrm{Expand}(\boldsymbol{G}_{k+1}), & 0\leqslant k<N\\\boldsymbol{LP}_N&=\boldsymbol{G}_N, & k=N\end{aligned}\right\} \tag{4-8}$$

拉普拉斯金字塔的每一层是高斯金字塔同层图像与其上一层图像经插值扩充后的图像之差，这一过程相当于带通滤波，因此拉普拉斯金字塔也称为带通塔形分解。

经过拉普拉斯金字塔分解得到的一系列金字塔图像还可以由反变换过程重构出源图像，重构公式为：

$$\left.\begin{aligned}\boldsymbol{G}_N&=\boldsymbol{LP}_N, & k=N\\\boldsymbol{G}_k&=\boldsymbol{LP}_k+\mathrm{Expand}(\boldsymbol{G}_{k+1}), & 0\leqslant k<N\end{aligned}\right\} \tag{4-9}$$

由拉普拉斯金字塔顶层开始，逐层由上至下可以恢复其对应的高斯金字塔，而恢复出的高斯金字塔底层图像 $\boldsymbol{G}_0$ 即为精确重构的源图像。这表明，图像的拉普拉斯金字塔是图像的完整表示，拉普拉斯金字塔中包含源图像中的所有信息。

3）基于拉普拉斯金字塔分解的图像融合方法

设 $\boldsymbol{LA}_l$ 和 $\boldsymbol{LB}_l$ 分别表示源图像 $\boldsymbol{A}$、$\boldsymbol{B}$ 经过拉普拉斯金字塔分解后得到的第 l 层图像，融合后的结果为 $\boldsymbol{LF}_l(0 \leqslant l \leqslant N)$。当 $l=N$ 时，$\boldsymbol{LA}_N$ 和 $\boldsymbol{LB}_N$ 分别为源图像 $\boldsymbol{A}$、$\boldsymbol{B}$ 经过拉普拉斯金字塔分解后得到的顶层图像。对于顶层图像的融合，首先计算以各个像素点为中心的区域大小为 $M \times N$（M、N 取奇数）的区域平均梯度：

$$G = \frac{1}{(M-1)(N-1)} \sum_{i=1}^{M-1} \sum_{j=1}^{N-1} \sqrt{(\Delta \boldsymbol{I}_x^2 + \Delta \boldsymbol{I}_y^2)/2} \tag{4-10}$$

式中，$\Delta \boldsymbol{I}_x$ 与 $\Delta \boldsymbol{I}_y$ 分别为像素点在 x 与 y 方向上的一阶差分，定义如下：

$$\Delta \boldsymbol{I}_x = f(x,y) - f(x-1,y) \tag{4-11}$$

$$\Delta \boldsymbol{I}_y = f(x,y) - f(x,y-1) \tag{4-12}$$

因此，对于顶层图像中的每一个像素点 $LA_N(i,j)$ 和 $LB_N(i,j)$，都可以得到与之相对应的区域平均梯度 $GA_N(i,j)$ 和 $GB_N(i,j)$。

平均梯度反映了图像中的微小细节反差和纹理变换特征，同时也反映出图像的清晰度。一般来说平均梯度越大，图像层次也越丰富，则图像越清晰。因此，顶层图像的融合结果为：

$$LF_N(i,j) = \begin{cases} LA_N(i,j), & GA_N(i,j) \geqslant GB_N(i,j) \\ LB_N(i,j), & GA_N(i,j) < GB_N(i,j) \end{cases} \tag{4-13}$$

当 $0 \leqslant l \leqslant N$ 时，对于经过拉普拉斯金字塔分解的第 l 层图像，首先计算其区域能量：

$$EA_l(i,j) = \sum_{-p}^{p} \sum_{-q}^{q} \bar{\boldsymbol{\omega}}(p,q) \mid LA_l(i+p,j+q) \mid \tag{4-14}$$

$$EB_l(i,j) = \sum_{-p}^{p} \sum_{-q}^{q} \bar{\boldsymbol{\omega}}(p,q) \mid LB_l(i+p,j+q) \mid \tag{4-15}$$

选取 $p=1$，$q=1$，$\bar{\boldsymbol{\omega}} = \frac{1}{16}\begin{bmatrix} 1 & 2 & 1 \\ 2 & 4 & 2 \\ 1 & 2 & 1 \end{bmatrix}$，则第 l 层图像的融合结果为：

$$LF_l(i,j) = \begin{cases} LA_l(i,j), & EA_l(i,j) \geqslant EB_l(i,j) \\ LB_l(i,j), & EA_l(i,j) < EB_l(i,j) \end{cases}, 0 \leqslant l < N \tag{4-16}$$

在得到金字塔各个层次的融合图像后，通过下式：

$$\begin{cases} \boldsymbol{GF}_N = \boldsymbol{LF}_N, & l = N \\ \boldsymbol{GF}_l = \boldsymbol{LF}_l + \text{Expand}(\boldsymbol{GF}_{l+1}), & 0 \leqslant l < N \end{cases} \tag{4-17}$$

对各个层次的图像进行重构，得到最终的融合图像。

对两幅输入源图像进行4层拉普拉斯金字塔分解，然后进行融合，其融合结果如图4-2所示。

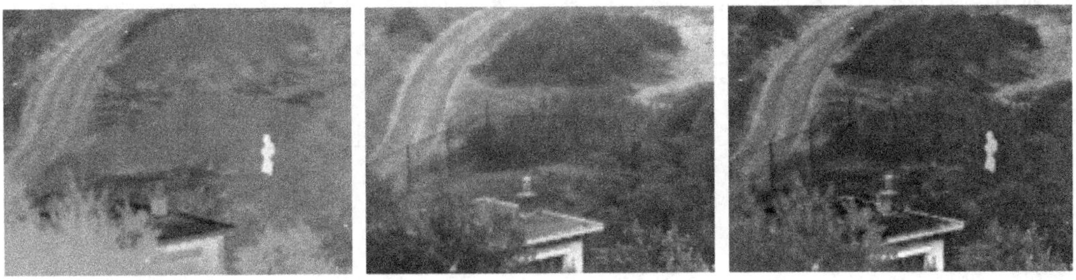

源图像A　　　　源图像B　　　　融合后图像

图4-2　基于拉普拉斯金字塔分解的图像融合结果

4.2　基于离散小波变换的图像融合方法

4.2.1　离散小波变换基本原理

小波变换方法是建立在应用数学基础之上，与工程实际相结合的一种信号分析方法，其核心是利用小波基函数来对信号进行不同尺度信息的提取。小波变换能够有效提取频域信息，反映出信号变化快慢情况。在图像处理中，快速信号主要指梯度值较大的部分，一般指边缘信息和细节信息，称为高频分量；慢速信号主要指图像相邻像素点之间变化较缓慢的部分，称为低频分量。利用小波变换能有效地分解出图像的低频和高频信息。

首先定义小波母函数和对应的傅里叶变换，则由母波生成的函数族可以表示为（其中a定义为伸缩因子，b定义为平移因子）：

$$\psi_{a,b}(x)=|a|^{-\frac{1}{2}}\psi\left(\frac{x-b}{a}\right)\quad a,b\in\mathbf{R},a\neq 0 \tag{4-18}$$

小波变换的前提条件是：

$$C_{\psi}=\int_{\mathbf{R}}\frac{|\hat{\Psi}(\omega)|^{2}}{|\omega|}\mathrm{d}\omega<\infty \tag{4-19}$$

设信号$f(x)\in L(x)^{2}$，则经过连续小波变换后的$W_{f}(a,b)$（ψ^{*}为ψ的复共轭）为：

$$W_{f}(a,b)=|a|^{-\frac{1}{2}}\int_{\mathbf{R}}f(x)\psi^{*}\left(\frac{x-b}{a}\right)\mathrm{d}x \tag{4-20}$$

同傅里叶变换一样，对于小波变换也有相应的重构公式，具体表示是：

$$f(x)=\frac{1}{C_{\psi}}\int_{-\infty}^{\infty}\int_{-\infty}^{\infty}W_{f}(a,b)\psi_{a,b}(x)\frac{\mathrm{d}a}{a^{2}}\mathrm{d}b \tag{4-21}$$

在实际应用中，更倾向于将连续小波变换离散化来进行信号的处理，这就是离散小波变换（Discrete Wavelet Transform，DWT）。具体过程是将连续小波变换中的伸缩和平移因子进行离散取样，其公式表达如下：

$$a=a_{0}^{m},b=nb_{0}a_{0}^{m},a_{0}>1,b_{0}\in\mathbf{R},m,n\in\mathbf{Z}$$

将得到的 a 与 b 代入连续小波变换的函数族中，可得到离散小波的函数族为：

$$\psi_{m,n}(x) = a_0^{-\frac{m}{2}}\psi(a_0^{-m}x - nb_0) \tag{4-22}$$

利用该函数族进行小波变换，可得到离散小波变换的表达式为：

$$W_{m,n} = \int_{-\infty}^{\infty} f(x)\psi_{m,n}^{*}(x)\mathrm{d}x \tag{4-23}$$

将信号 $f(x)$ 也进行取样，得到取样信号 $f(k)$，则可以求出离散信号的离散小波变换表达式为：

$$W_{m,n} = \sum_{k} f(k)\psi_{m,n}^{*}(k) \tag{4-24}$$

其重构表达式为：

$$f(k) = \sum_{m,n} W_{m,n}\psi_{m,n} \tag{4-25}$$

具体到图像处理，由于本章是对灰度图像的研究，因而需要利用二维小波变换。在二维小波变换中，对于信号 $f(x,y)$，由于存在行分量与列分量，因而伸缩因子 b 可以向 b_x 和 b_y 两个方向进行平移变换，由此可以求出变换后的函数族：

$$\psi_{a,b_x,b_y}(x,y) = \frac{1}{|a|}\psi\left(\frac{x-b_x}{a},\frac{y-b_y}{a}\right) \tag{4-26}$$

利用该函数族求得信号 $f(x,y)$ 的小波变换 $\psi_{a,b_x,b_y}(x,y)$，其表达式如下：

$$W_f(a,b_x,b_y) = \int_{-\infty}^{\infty}\int_{-\infty}^{\infty} f(x,y)\psi_{a,b_x,b_y}^{*}(x,y)\mathrm{d}x\mathrm{d}y \tag{4-27}$$

信号 $f(x,y)$ 的重构表达式为：

$$f(x,y) = \frac{1}{C_\psi}\int_{0}^{\infty}\int_{-\infty}^{\infty}\int_{-\infty}^{\infty} W_f(a,b_x,b_y)\psi_{a,b_x,b_y}(x,y)\mathrm{d}b_x\mathrm{d}b_y\frac{\mathrm{d}a}{a^3} \tag{4-28}$$

4.2.2 基于离散小波变换的图像融合方法

图像的二维小波分解的具体过程为：给定图像 $\boldsymbol{I}$(大小为 $M\times N$)，使用低通滤波器 L 和高通滤波器 H 对 $\boldsymbol{I}$ 所有列进行滤波和下采样操作，可以生成两幅大小为 $(M/2)\times N$ 的图像 $\boldsymbol{I}_L$ 和 $\boldsymbol{I}_H$；然后使用 L 和 H 对 $\boldsymbol{I}_L$ 和 $\boldsymbol{I}_H$ 中所有行重复进行滤波和下采样操作，输出的就是四幅 $(M/2)\times(N/2)$ 大小的图像 $\boldsymbol{I}_{LL}$、$\boldsymbol{I}_{LH}$、$\boldsymbol{I}_{HL}$ 和 $\boldsymbol{I}_{HH}$，其中 $\boldsymbol{I}_{LL}$ 是 $\boldsymbol{I}$ 低频分量的近似，而 $\boldsymbol{I}_{LH}$、$\boldsymbol{I}_{HL}$ 和 $\boldsymbol{I}_{HH}$ 是高频细节图像，分别表示 $\boldsymbol{I}$ 的横向、纵向和对角线方向的结构。图 4-3 给出了一幅图像经二维小波分解的塔形结构示意图。

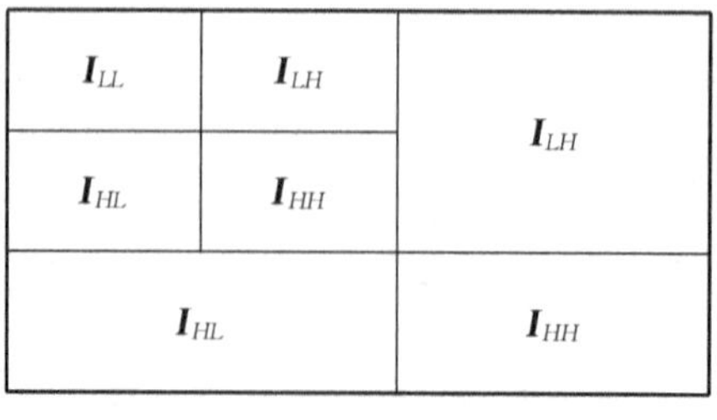

图 4-3 图像小波分解的塔形结构图

基于 DWT 的图像融合方法的基本思想如下：首先，将已经配准好的两幅（或多幅）图像分别进行小波变换，分解为小波系数；然后，将其对应的小波系数依据一定的准则进行融合；最后，将融合后的小波系数矩阵进行逆变换，进行图像重构，即可获得融合后的图像。该方法充分利用了小波分解的多尺度、多分辨率特性，融合过程如图 4-4 所示。

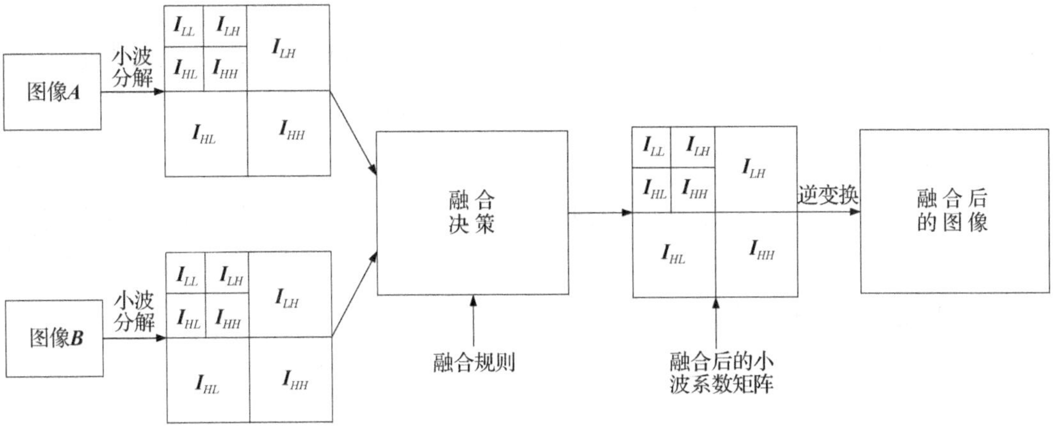

图 4-4 基于小波变换的图像融合流程图

从图 4-4 可以看出，设计合理的融合规则是获得高品质融合的关键。小波变换应用于图像融合的优势在于：它可以将图像分解到不同的频域，在不同的频域运用不同的融合规则，得到合成图像的多分辨率分析，从而在合成图像中保留原图像在不同频域的显著特征。

基于小波变换的图像融合规则主要包括：

① 低频系数融合规则：通过小波分解得到的低频系数都是正的变换值，反映的是源图像在该分辨率上的概貌。低频小波系数的融合规则有多种，既可以取源图像对应系数的均值，也可以取较大值，这要根据具体的图像和目的来定。

② 高频系数融合规则：通过小波分解得到的三个高频子带都包含了一些在零附近的变换值，在这些子带中，较大的变换值对应着亮度急剧变化的点，也就是图像中的显著特征点，如边缘、亮线及区域轮廓。这些细节信息也反映了局部的视觉敏感对比度，应该进行特殊的选择。

高频子带常用的融合规则有三大类，即基于像素点的融合规则、基于窗口的融合规则和基于区域的融合规则。

基于像素点的融合规则是逐个考虑源图像相应位置的小波系数，要求源图像是经过严格对准处理的。基于像素点的选择方法具有片面性，其融合效果有待改善。第二类是基于窗口的融合规则，是对第一类规则的改进。由于相邻像素点往往具有相关性，该规则以像素点为中心，取一个 $M \times N$ 大小的窗口，综合考虑区域特征来确定融合图像相应位置的小波系数。该类规则的融合效果好，但是也相应增加了运算量和运算时间。由于窗口是一个矩形，是规则的，而实际上图像中相似的像素点往往具有不规则性，因此近年来又提出了基于区域的融合规则。该类规则常常利用模糊聚类来寻找具有相似性的像素点集。

下面介绍几种常用的融合规则。

（1）小波系数加权法，如下式所示：

$$C_{F,J}(i,j)=aC_{A,J}(i,j)+(1-a)C_{B,J}(i,j),\quad 0\leqslant a\leqslant 1 \tag{4-29}$$

式中，$C_{A,J}(i,j)$、$C_{B,J}(i,j)$和$C_{F,J}(i,j)$分别表示源图像 **A**、**B** 和融合图像 **F** 在 J 层的小波分解系数。

（2）小波分解系数绝对值取大法，如下式所示：

$$C_{F,J}(i,j)=\begin{cases}C_{A,J}(i,j) & |C_{A,J}(i,j)|\geqslant|C_{B,J}(i,j)| \\ C_{B,J}(i,j) & |C_{A,J}(i,j)|<|C_{B,J}(i,j)|\end{cases} \tag{4-30}$$

（3）小波分解系数绝对值取小法，如下式所示：

$$C_{F,J}(i,j)=\begin{cases}C_{A,J}(i,j) & |C_{A,J}(i,j)|\leqslant|C_{B,J}(i,j)| \\ C_{B,J}(i,j) & |C_{A,J}(i,j)|>|C_{B,J}(i,j)|\end{cases} \tag{4-31}$$

（4）区域能量最大法

在 J 层小波分解的情况下，局部区域能量定义为：

$$E_{A,J}(i,j)=\sum_{n=-N}^{N}\sum_{m=-M}^{M}\omega(n,m)C_{A,J}^{2}(i,j) \tag{4-32}$$

式中，$\omega(n,m)$表示权值。同理，可得 $E_{B,J}(i,j)$。

区域能量最大法的数学表达式为：

$$C_{F,J}(i,j)=\begin{cases}C_{A,J}(i,j) & E_{A,J}(i,j)\geqslant E_{B,J}(i,j) \\ C_{B,J}(i,j) & E_{A,J}(i,j)<E_{B,J}(i,j)\end{cases} \tag{4-33}$$

图 4-5 给出了基于小波变换的图像融合结果。

源图像A　　源图像B　　融合后图像

图 4-5　基于离散小波变换的图像融合结果

4.3　基于非下采样轮廓波变换的图像融合方法

DWT的方向选择性相对较弱，只有3个特征方向：横向、纵向和对角方向。在很多图像融合的应用中，我们需要具有更多方向选择性的变换。另外，使用DWT进行图像融合有一个重要的缺点就是其不具备平移不变性。这意味着输入图像中较少的平移就会导致细节图像像素的能量分布产生不可预知的变化，从而使得输出图像产生大幅失真。同时，基于小波变换的图像融合方法的一个共同特点是它们不能很好地表示图像的曲线和边缘。为了有效地描述图像中的空间结构，一些新的多尺度分解方法被应用于图像融合中。

轮廓波变换(Contourlet Transform，CT)是直接在离散域中利用滤波器组实现对图像的多尺度、多方向分解，可以说是一种"真正"的二维图像表示方法。它可以捕捉图像的内在几何结构，更适合处理二维信号。

轮廓波变换的基本思想是：首先利用拉普拉斯金字塔将图像分解为一个低频近似图像和多个带通图像，随后各层带通图像经过方向滤波器组(Directional Filter Bank，DFB)后被分解出多个不同方向的子带。与小波变换相比，CT能够更好地稀疏表示图像，即一幅图像经过CT后只在极少的点上有数值较大的系数，而这些点正集中了这幅图像的大部分信息和能量。同时，CT在每个尺度上分解的方向子带数可以不同，即可以提供任意方向上的细节信息，一般分解的方向子带数为$2^l(l\in\mathbf{N})$。

由于CT包含下采样过程，它不具备平移不变特性，而平移不变特性在边缘检测、图像增强、图像去噪以及图像融合等领域中都发挥着重要的作用，非下采样轮廓波变换(Nonsubsampled Contourlet Transform，NSCT)是解决该问题的一个有效方法。NSCT模型是在CT的基础上产生的，它的基本框架结构分为非下采样金字塔(Nonsubsampled Pyramid，NSP)分解与非下采样方向滤波器(Nonsubsampled Directional Filter Bank，NSDFB)分解两部分。同CT类似，NSCT首先利用NSP分解对源图像进行多尺度分解以有效捕获图像中的奇异点，然后采用NSDFB分解对高频分量进行进一步的多方向分解，从而获得源图像不同尺度、不同方向的子带图像；与CT不同的是，NSCT没有对NSP分解以及NSDFB分解后的信号分量进行分析滤波后的下采样以及综合滤波前的上采样，而是先对相应滤波器进行上采样，再对信号进行分析滤波和综合滤波，从而巧妙地弥补CT无法满足平移不变性的缺陷。

NSCT具有完全平移不变性、更好的频率选择特性和正则性，能有效地表示图像的边界和轮廓信息，并能消除CT在图像融合中在图像奇异处引起的伪吉布斯现象。

图4-6(a)给出了NSCT的分解结构框架，首先利用NSP将输入图像分解为低通子带和高通子带，然后利用NSDFB将高通子带分解为多个方向子带，并对低通子带重复此分解过程。图4-6(b)给出了算法在图像二维频域进行频谱划分的示意图。

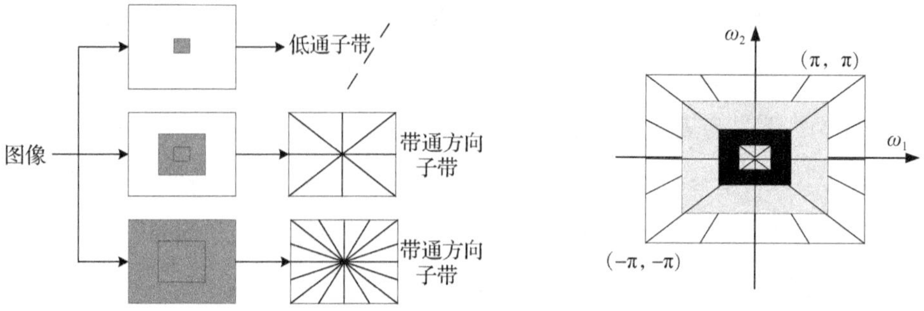

(a) NSCT分解原理框图　　(b) 二维频谱划分

图 4-6　基于 NSCT 的图像分解框架

基于 NSCT 的图像融合算法的基本思想是:选择 NSCT 作为图像的多尺度分解方法,分别计算低频子带和高频方向子带的活性水平测度,选取活性水平测度大的系数作为相应的融合系数,经逆 NSCT 重构即可得到最终的融合图像。图 4-7 为基于 NSCT 的图像融合算法的流程图。

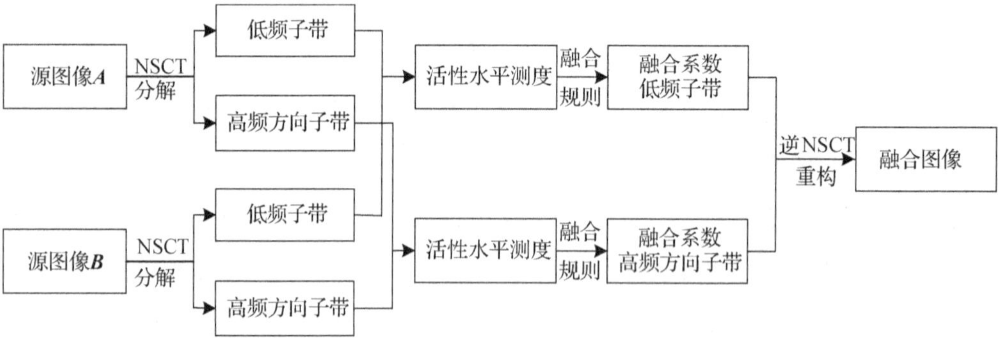

图 4-7　基于 NSCT 的图像融合算法流程图

图 4-8 给出了基于 NSCT 的图像融合结果。

源图像A　　源图像B　　融合后图像

图 4-8　基于 NSCT 的图像融合结果

4.4　基于多尺度混合信息分解的图像融合方法

近年来,边缘保持滤波器被成功地应用于构造图像的多尺度分解,并被成功地应用于图像融合领域。通常这类方法的优点是它们能准确地将图像分解为小尺度纹理细节、大尺度边缘和底层粗略尺度信息。这一优点有助于减少融合过程中出现的光晕和混叠效应，融合结果更加适合于人类视觉感知。Farbman 等人利用加权最小二乘滤波器构造边界保持图像多尺度分解方法并将其应用于多曝光图像融合，取得了较好的融合效果，但代价是昂贵的计算时间。Hu 等人结合双边和方向滤波器构造图像多尺度分解方法并将其应用于医学和多聚焦图像融合。Zhou 等人结合高斯和双边滤波器构造图像多尺度分解方法并将其应用于红外与可见光图像融合，得到了更适合于人类视觉感知的融合结果。但是双边滤波器可能在图像边缘附近出现不必要的梯度反转效应，同时其快速实现算法也是一个具有挑战性的问题。相较于加权最小二乘滤波器和双边滤波器，引导滤波器的输出是引导图像的局部线性变换，一方面引导滤波器具有良好的平滑保边能力，同时在边界处不会出现梯度反转效应；另一方面引导滤波器是基于局部线性模型的，使得其也适用于诸如图像抠图、上采样和着色等应用，其计算时间只依赖于滤波器的大小，大大提高了运行效率。Li 等人首次将引导滤波应用于图像融合，首先将图像分解为基本层和细节层，然后利用引导滤波来构造各分解子信息的融合权重，并在几种图像融合应用中都获得了较优的性能。

和传统的多尺度分解方法尝试利用相对复杂的滤波器以获取更多的图像方向信息不同，本节提出一种基于引导滤波和高斯滤波的图像多尺度混合信息分解方法，实现了图像大尺度边缘、小尺度纹理和底层粗略尺度信息的分离。为避免在融合阶段出现红外和可见光图像信息的混叠失真，采用了将大尺度边缘信息进行分割并依此确定各分解子信息的融合权重的方法，实验结果表明，该方法能够有效提取图像中的红外目标，实现在融合图像中凸显红外目标的同时保留尽可能多的可见光纹理细节信息。

4.4.1　高斯滤波器和引导滤波器

1）高斯滤波器

高斯滤波器是一种常用的图像低通滤波器，主要用来进行图像的平滑模糊处理。通过高斯滤波能够有效地滤除图像中的高频细节分量和噪声。

对于图像中一个像素点而言，其经过高斯滤波后的值为周围像素点的值的加权平均，滤波公式为：

$$G(\boldsymbol{I})_p=\frac{1}{W_g}\sum_{q\in\Omega}g_{\sigma_s}(\|p-q\|)\boldsymbol{I}_q \tag{4-34}$$

其中，$W_g=\sum_{q\in\Omega}g_{\sigma_s}(\|p-q\|)$ 为归一化系数，σ_s 为对应高斯函数的标准差。

2）引导滤波器

与高斯滤波器相比，引导滤波器（Guided Filtering，GF）能够保持图像的边缘信息，其具体原理为：当不希望通过求解公式来得到一个复杂函数在某点处的取值时，可以通过无穷多个线性的函数来逼近该函数曲线，通过求解所有线性函数在该点处的均值来得到最终结果。对于待处理的图像而言，可以将之视为表达式未知的二维函数，则利用上述模型可得到输入图像和滤波后的图像在 ω_k 窗口内第 i 个像素点的局部线性表达式：

$$q_i = a_k \boldsymbol{I}_k + b_k \quad \forall i \in \omega_k \tag{4-35}$$

为了求解 a_k 和 b_k，在 ω_k 窗口内根据局部线性函数尽可能拟合原函数的条件，构造方程式如下：

$$E(a_k, b_k) = \min\{\sum_{i \in \omega_k} [(a_k \boldsymbol{I}_k + b_k - p_i)^2 + \varepsilon a_k^2]\} \tag{4-36}$$

式中，p_i 为源图像在该点处的取值；ε 为调节因子，用于防止最后求解的结果中 a_k 过大。利用最小二乘法求解该方程，可以得到结果为：

$$a_k = \frac{\frac{1}{|\omega|} \sum_{i \in \omega_k} \boldsymbol{I}_i p_i - \mu_k \bar{p}_k}{\sigma_k^2 + \varepsilon} \tag{4-37}$$

$$b_k = \bar{p}_k - a_k \mu_k \tag{4-38}$$

式中，μ_k、$\bar{p}_k$ 分别为源图像和引导图像在窗口 ω_k 内像素点值的均值，σ_k^2 为引导图像在窗口 ω_k 内像素点值的方差，$|\omega|$ 为窗口 ω_k 中包含像素点的个数。

在实际计算的过程中，单个像素点可能被多个窗口所包含，在求解过程中，需要将初始的局部线性函数表征为多个窗口内局部线性函数的均值，具体表示为：

$$q_i = \frac{1}{|\omega|} \sum_{k; i \in \omega_k} (a_k \boldsymbol{I}_k + b_k) = \bar{a}_i \boldsymbol{I}_k + \bar{b}_i \tag{4-39}$$

对局部线性函数 $q_i = a_k \boldsymbol{I}_k + b_k$ 两边分别取梯度，得到 $\nabla q_i = \bar{a}_i \nabla \boldsymbol{I}_k$，这表示输出图像与滤波图像具有相同的边缘梯度，这也是图像经过引导滤波处理后能保持边缘的原因。

书中，用 $G_{r,\varepsilon}(\boldsymbol{I}, \boldsymbol{P})$ 表示引导滤波运算，其中 r 和 ε 分别是决定引导滤波器大小和模糊程度的参数，$\boldsymbol{I}$ 和 $\boldsymbol{P}$ 分别表示输入图像和引导图像，则源图像 $\boldsymbol{I}$ 的引导滤波可写为：

$$\boldsymbol{Q}(\boldsymbol{I}) = G_{r,\varepsilon}(\boldsymbol{I}, \boldsymbol{P}) \tag{4-40}$$

4.4.2 图像混合信息分解方法

设源图像为 $\boldsymbol{I}$，$\boldsymbol{I}$ 的高斯滤波表示为 $G(\boldsymbol{I})$，$\boldsymbol{I}$ 的引导滤波表示为 $Q(\boldsymbol{I})$，则通过计算 $\boldsymbol{I} - Q(\boldsymbol{I})$ 可以得到图像纹理细节信息 $\boldsymbol{I}_t$，通过计算 $Q(\boldsymbol{I}) - G(\boldsymbol{I})$ 可以得到图像边缘信息 $\boldsymbol{I}_e$。由此提取出了可以表征红外图像和可见光图像特征的两种尺度信息分量。这就是基于引导滤波和高斯滤波的图像混合信息分解方法：

$$\begin{cases} \boldsymbol{I}_t = \boldsymbol{I} - Q(\boldsymbol{I}) \\ \boldsymbol{I}_e = Q(\boldsymbol{I}) - G(\boldsymbol{I}) \end{cases} \tag{4-41}$$

通过上述分解方法可以得到小尺度的纹理细节信息 $\boldsymbol{I}_t$、大尺度边缘信息 $\boldsymbol{I}_e$ 和图像的底层粗略尺度信息 $\boldsymbol{I}_b$（$\boldsymbol{I}_b = G(\boldsymbol{I})$），如图 4-9 所示。

在分解过程中，为了保证对红外与可见光图像特征信息的有效提取，一般采用多层分解的方式。为此，我们将上述混合信息分解方法推广到多尺度分解方法，并且证明该分解方法可以更好地融合红外与可见光图像，从而获得更好的视觉感知能力。图像的多尺度混合信息分解方法如图 4-10 所示。

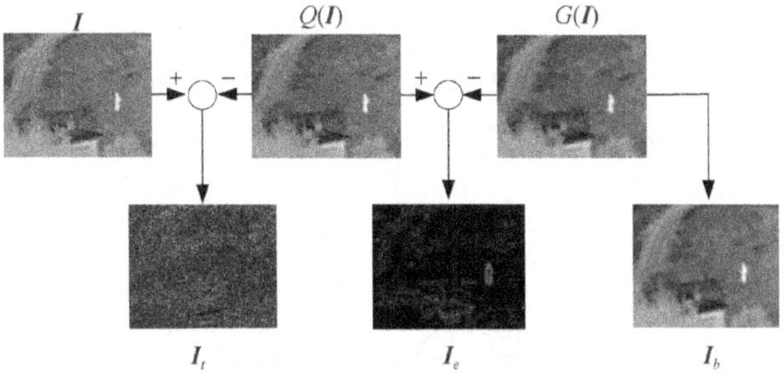

图 4-9　图像单层混合信息分解框图

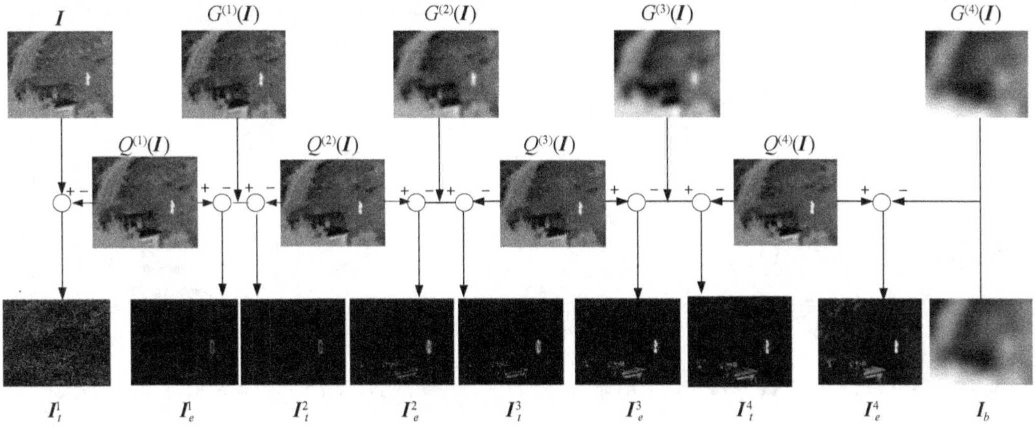

图 4-10　图像多尺度混合信息分解框图

其中：

$$G^{(j+1)}(\boldsymbol{I})_p = \frac{1}{W_g}\sum_{q\in\Omega} g_{\sigma_{s,j}}(\|p-q\|)G^{(j)}(\boldsymbol{I})_q \tag{4-42}$$

$$Q^{(j+1)}(\boldsymbol{I}) = G_{r_j,\varepsilon_j}(Q^{(j)}(\boldsymbol{I}),Q^{(j)}(\boldsymbol{I})) \tag{4-43}$$

$$W_g = \sum_{q\in\Omega} g_{\sigma_{s,j}}(\|p-q\|) \tag{4-44}$$

$$\boldsymbol{I}_t^j = G^{(j-1)}(\boldsymbol{I}) - Q^{(j)}(\boldsymbol{I}) \tag{4-45}$$

$$\boldsymbol{I}_e^j = Q^{(j)}(\boldsymbol{I}) - G^{(j)}(\boldsymbol{I}) \tag{4-46}$$

式中，$\boldsymbol{I}^{(0)} = \boldsymbol{I}$，$\boldsymbol{G}^{(0)}(\boldsymbol{I}) = \boldsymbol{I}$ 由此可以得到相应的纹理细节信息 $\boldsymbol{I}_t^1$、$\boldsymbol{I}_t^2$、$\boldsymbol{I}_t^3$ 和 $\boldsymbol{I}_t^4$，大尺度边缘信息 $\boldsymbol{I}_e^1$、$\boldsymbol{I}_e^2$、$\boldsymbol{I}_e^3$ 和 $\boldsymbol{I}_e^4$，以及图像的底层粗略尺度信息 $\boldsymbol{I}_b$。分解过程中相关参数设置如下：$\sigma_{s,j+1} = 2\sigma_{s,j}$，$r_{j+1} = \frac{r_j}{2}$，$\varepsilon_{j+1} = \frac{\varepsilon_j}{4}$，$\sigma_{s,0} = 2$，$r_0 = 2$，$\varepsilon_0 = 0.01$。从最终得到的分解结果来看，大尺度边缘图层更多反映了红外目标特征，小尺度的纹理细节图层更多反映了可见光的背景信息，符合先

前的猜想。

4.4.3 红外与可见光图像融合

在红外与可见光图像融合过程中,常见的问题是在融合图像中注入了过多的红外信息而导致融合图像整体质量的下降。如何有效提取出红外图像中的目标信息,是避免出现上述问题的关键步骤。采用将大尺度边缘信息作为融合权重图层,对其进行图像分割以确定各分解子信息的融合权重的方法,即有效选取式(4-47)中红外图像 $\boldsymbol{I}_R$ 和可见光图像 $\boldsymbol{I}_V$ 各分解子信息在对应的融合图像 $\boldsymbol{F}$ 中的权重 $\boldsymbol{C}^n$:

$$F^n(i,j) = C^n(i,j) * I_R^n(i,j) + (1 - C^n(i,j)) * I_V^n(i,j) \tag{4-47}$$

通过函数变换 $f(I_{eR}^n(i,j), I_{eV}^n(i,j))$,确定各分解子信息的融合权重:

$$C^n(i,j) = f(I_{eR}^n(i,j), I_{eV}^n(i,j)) \tag{4-48}$$

其中函数变换 $f(I_{eR}^n(i,j), I_{eV}^n(i,j))$ 必须具有这样的特征:对于目标位置的像素点,能够显著增强该点处的融合权重,使其逼近于 1;对于非目标位置的像素点,要尽可能减小其融合权重,使其近似为 0。红外目标区域相较于可见光图像对应区域有较大的灰度值,这与热红外目标的特征相符合。因此,构造图层:

$$\boldsymbol{R}^n = \begin{cases} |\boldsymbol{I}_{qR}^n| - |\boldsymbol{I}_{qV}^n|, & |\boldsymbol{I}_{qR}^n| - |\boldsymbol{I}_{qV}^n| > 0 \\ 0, & \text{其他} \end{cases} \tag{4-49}$$

然后进行归一化处理:

$$\boldsymbol{P}^n = \frac{\boldsymbol{R}^n}{\max\limits_{x \in \Omega} \{R^n(i,j)\}} \tag{4-50}$$

函数 $f(I_{eR}^n(i,j), I_{eV}^n(i,j))$ 可以简化为 $f(P^n(i,j))$ 表示,需要使其逼近下面的函数:

$$C^n(i,j) = \begin{cases} 0, & P^n(i,j) < b \\ 1, & P^n(i,j) > b \end{cases} \tag{4-51}$$

其中,b 为分割权重图层的阈值。

最后需要解决的是阈值 b 的确定问题。通过分析大尺度边缘图层,可以得出以下三个结论:

(1) 红外图像与可见光图像在红外目标处有着巨大的差异,这种差异在红外目标的边缘处可以用对应像素点的梯度来表征。

(2) P^n 图层中红外目标边缘处具有梯度最大特性。

(3) 由于后续分解层会做高斯滤波平滑处理,导致 P^n 的梯度急剧下降,只有第一分解层的梯度最具参考意义,其梯度计算按如下公式进行:

$$g(i,j) = \sqrt{[P^1(i,j) - P^1(i+1,j)]^2 + [P^1(i,j) - P^1(i,j+1)]^2} \tag{4-52}$$

综合上述结论,通过求解 P^1 中各个像素点梯度的最大值作为阈值 b 。

为了将红外信息有效地注入融合图像中, $f(P^n(i,j))$ 函数变换选取切比雪夫 I 型高通函数来逼近理想的权重系数 $C^n(i,j)$ 。M 阶切比雪夫 I 型高通函数表达式为(ε 为通带波纹幅度参数):

$$C^n(x)=\frac{1}{1+\varepsilon^2 C_M^2(b/x)} \tag{4-53}$$

式中, $\varepsilon=\sqrt{10^{\alpha_p/10-1}}$, b 为阈值; α_p 为通带内的最大衰减; $C_M(x)=\begin{cases}\cos(M\arccos(x)), & |x|\leqslant 1\\ \cosh(M\operatorname{arccosh}(x)), & |x|>1\end{cases}$,其函数曲线如图 4-11 所示。

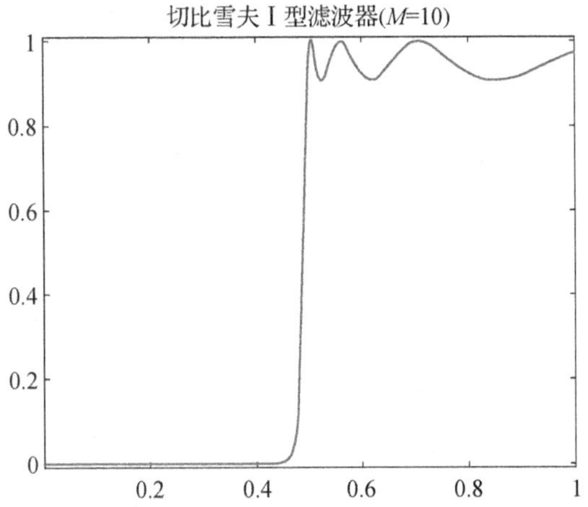

图 4-11　切比雪夫 I 型滤波器函数曲线

分析该函数曲线,可得:

(1) 在 $x>b$ 的通带内,曲线为等波纹,在通带最大值和最小值之间摆动。

(2) 在 $x\leqslant b$ 的过渡带即阻带内, $C^n(x)$ 随着 x 的增加而上升,滤波器的阶数 M 越大,过渡带越窄。

(3) 在阻带范围内值接近于 0,在通带范围内值接近于 1,选择合适的 M 值能使过渡带非常窄,符合需要的函数特征。

在本节中,切比雪夫 I 型滤波器的参数设置为: $\alpha_p=0.01, M=10, b=\max(g(i,j))$。

图像融合具体步骤如下:

1) 纹理细节和边缘信息融合

(1) 根据公式(4-38)至公式(4-42)计算各分解子信息的融合权重,为了防止由于过渡带过窄而在融合图像中红外目标与可见光场景之间造成突兀变化,导致图像质量的下降,对上述权重进行高斯滤波以消除噪声并对相应权重进行局部平滑处理,可以得到最终的融合权重:

$$W^n(i,j)=g_{\sigma_c}c^n(i,j) \tag{4-54}$$

其中, g_{σ_c} 表示高斯函数,这里设置 $\sigma_c=2$ 。

(2) 按以下公式融合相应的红外图像和可见光图像信息:

$$I_{tF}^n(i,j)=W^n(i,j)\times I_{tR}^n(i,j)+[1-W^n(i,j)]\times I_{tV}^n(i,j) \tag{4-55}$$

$$I_{eF}^{n}(i,j)=W^{n}(i,j)\times I_{eR}^{n}(i,j)+[1-W^{n}(i,j)]\times I_{eV}^{n}(i,j) \tag{4-56}$$

2）底层粗略尺度信息融合

对于底层信息而言，由于底层模糊，不适合作为融合权重图层，可以直接利用权重 $C^{N}(i,j)$ 进行信息融合。为了进一步降低噪声的影响，同时尽可能地防止融合图像突兀变化，对权重 $C^{N}(i,j)$ 进行高斯滤波，其滤波器参数设置为 $\sigma_b=4\sigma^{N}$ 。

$$W_b(i,j)=g_{\sigma_b}*C^{N}(i,j) \tag{4-57}$$

$$I_{bF}(i,j)=W_b(i,j)*I_{bR}(i,j)+(1-W_b(i,j))*I_{bV}(i,j) \tag{4-58}$$

则最后的融合图像为

$$\boldsymbol{I}_F=\boldsymbol{I}_{bF}+\sum_{n=1}^{N}\boldsymbol{I}_{dF}^{n}+\sum_{n=1}^{N}\boldsymbol{I}_{eF}^{n} \tag{4-59}$$

4.4.4 实验结果与分析

本节从主观评价和客观评价两个方面对所提出的算法进行测试验证，同时将该方法与经典的基于多尺度分解的融合方法和近来提出的表现优越的图像融合方法进行比较。基于多尺度分解的图像融合方法包括 DWT、DTCWT 和 NSCT，在本节的对比实验中这三种方法的参数设置为文献[10]给出的针对红外与可见光图像融合的最优参数。另外，还将本节提出的方法与文献[11]提出的基于多尺度变换和稀疏表示的图像融合方法（多尺度变换选择 DTCWT，分解层数设置为 4，本节将该方法简记为 DTCWT-SR）和文献[7]提出的基于双边和高斯滤波的混合多尺度分解的图像融合方法（本节将该方法简记为 Hybrid-MSD）进行比较。限于篇幅，本节仅给出三组实验结果，三组实验用图像如图 4-12 所示。

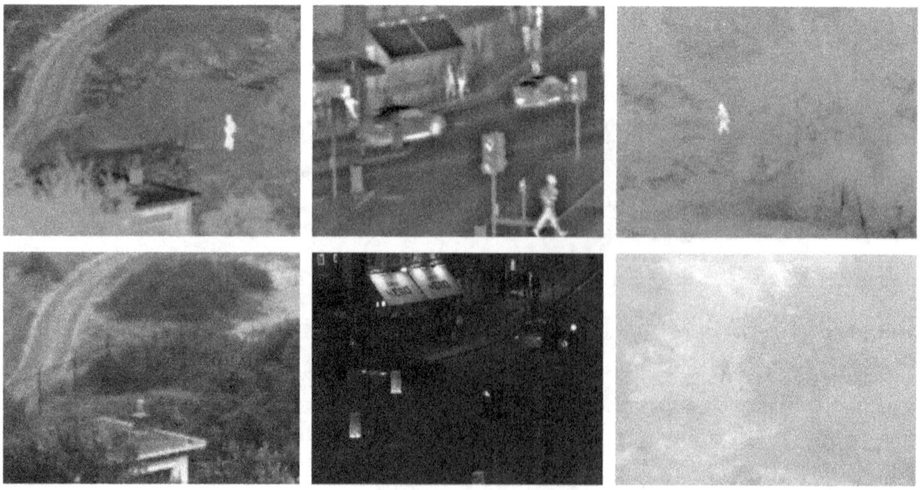

(a) “UN Camp”源图像　(b) “Queens Road”源图像　(c) “Trees4901”源图像

图 4-12　红外与可见光源图像

为了客观评价不同方法的融合性能，本节采用 4 种不同的融合质量评价指标，包括基于信息理论的评价指标 Q_{MI}、基于图像特征的评价指标 Q_G、基于图像结构相似性的评价指标 Q_Y 和基于人类视觉感知启发的评价指标 Q_{CB}。

Q_{MI}衡量的是源图像中的原始信息在融合图像中的保留效果，其值越大表示融合图像保留的源图像信息越多，融合图像质量越好；Q_G 衡量的是源图像的边缘信息成功地注入融合图像中的效果，其值越大说明源图像中的边缘信息注入融合图像中的越多，融合图像质量越好；Q_Y 衡量的是融合图像保留源图像结构信息的效果，其值越大表明融合图像质量越好；Q_{CB}展示了人类视觉感知的良好预测性能，其值越大表示融合图像越符合人类的视觉感知，融合图像质量越好。

在本节提出的基于引导滤波和高斯滤波混合信息分解的图像融合方法中，引导滤波的两个参数 r 和 ε 需合理设置，每一组图像都应该有一组合适的参数值。试验中，利用遗传算法为每一组图像设置合适的参数值，具体过程如下：

(1) 以 Q_G 为遗传算法目标函数，运用上述图像分解与融合方法，计算得到融合图像的评价指标 Q_G 值；

(2) 将参数 r 和 ε 作为遗传算法参数，确定其取值范围、约束；确定初始种群大小以及进化代数；

(3) 运用遗传算法求解的一般过程进行搜索，得出评价指标 Q_G 值最大时的 r 和 ε 参数值，此时获得最佳融合图像，即得到最优的引导滤波器参数 r 和 ε。

以上三组图像的最优 r 和 ε 参数值分别为：(4，0.017 2)、(3，0.005)、(2，0.069 7)。

第一组关于“UN Camp”图像的融合结果如图 4－13 所示。从图 4－13 可以看出，以上方法都成功地将红外与可见光图像融合，融合图像包含了目标信息和场景信息。尽管如此，仔细观察可以发现，DWT 融合方法的对比度低并且丢失了大量细节信息，行人目标不突出，道路、灌木和栅栏等细节信息较模糊。从融合图像中可以明显地看出一些虚影模糊，这是由于 DWT 缺少平移不变性会导致伪吉布斯现象。相较于 DWT 方法，基于 DTCWT 和 NSCT 的融合方法效果更好。这是由于 DTCWT 和 NSCT 具有平移不变性，可以有效避免伪吉布斯现象，使融合图像更加清晰和自然。但是，仔细观察可以发现这两种方法仍然存在缺点，融合图像丢失了大量的光谱信息，例如左侧底部和右侧底部的树木部分。基于 DTCWT-SR 的图像融合方法有效突出了红外目标信息，但是对可见光细节信息保留得不是很好，导致融合图像看起来不自然。很明显，Hybrid-MSD 和本节所提方法的视觉效果更好，源图像中几乎所有的有用信息都被注入融合图像中，同时有效地去除了融合过程中产生的虚影效应。通过比较可以发现，本节所提方法不仅对比度高，目标行人更突出，而且包含丰富的光谱信息，更好地保留了边缘细节等信息。

第二组关于“Queens Road”图像的融合结果如图 4－14 所示。从图 4－14(e)和(f)可以看出，Hybrid-MSD 和本节所提方法通过将红外信息注入可见光图像当中有效地突出了红外目标，增强了夜晚可见光图像的场景描述能力，看起来比较自然。从图 4-14(a)—(d)可以看出，DWT、DTCWT、NSCT 和 DTCWT-SR 这四种方法产生了严重的人工效应，另外从图 4-14(a)—(c) 可以发现红外特征的亮度信息保留不充分，导致丢失重要的红外特征，融合图像看起来不自然。

第三组关于"Trees4901"图像的融合结果如图 4-15 所示。从图 4-15(a)—(c)可以看出，DWT、DTCWT 和 NSCT 融合方法通过不同的多尺度分解实现图像信息融合，得到的融合结果中虽然都能够突出目标人物信息，但是原可见光图像中的树木、道路等背景与细节信息的融合出现混乱，在融合结果中难以辨认。从图 4-15(d)可以看出，DTCWT-SR 方法也有同样的问题，场景中的背景信息难以辨认，导致融合图像看起来不自然。从图 4-15(e)—(f)可以看出，基于 Hybrid-MSD 的图像融合方法和本节所提方法得到的融合结果不仅能够突出目标人物信息还能辨认出树木、道路等背景细节信息。通过比较可以发现，本节所提方法具有更好的对比度，能更有效地突出目标人物信息。

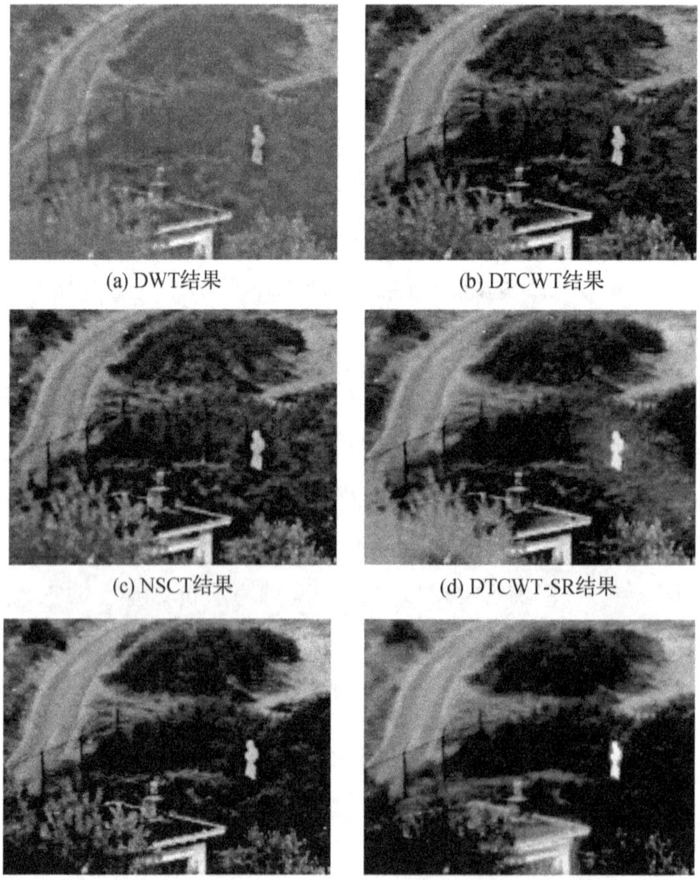

(a) DWT结果　(b) DTCWT结果

(c) NSCT结果　(d) DTCWT-SR结果

(e) Hybrid-MSD结果　(f) 本节方法结果

图 4-13　"UN Camp"图像融合结果

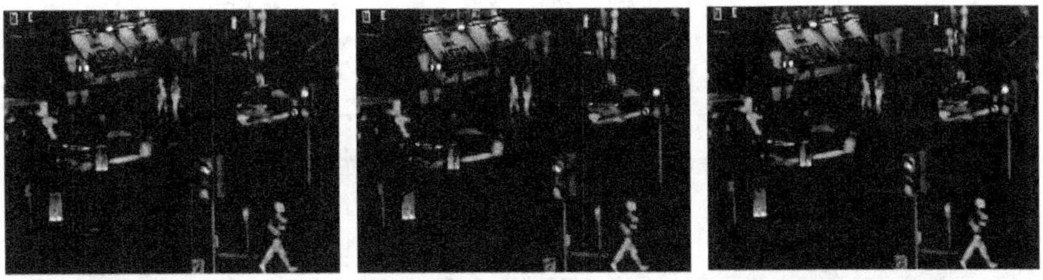

(a) DWT结果　　(b) DTCWT结果　　(c) NSCT结果

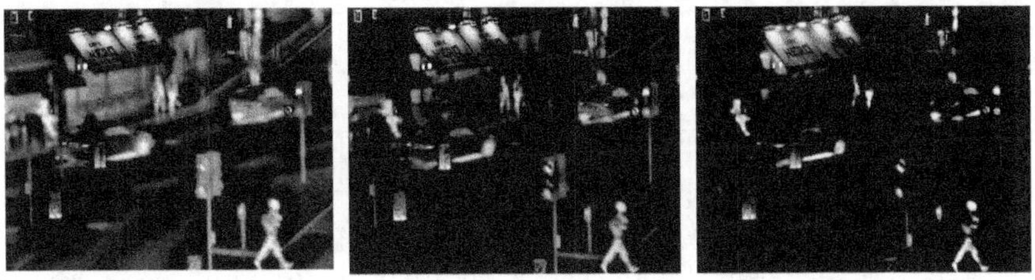

(d) DTCWT-SR结果　　(e) Hybrid-MSD结果　　(f) 本节方法结果

图 4 - 14　"Queens Road"图像融合结果

(a) DWT结果　　(b) DTCWT结果　　(c) NSCT结果

(f) 本节方法结果　　(d) DTCWT-SR结果　　(e) Hybrid-MSD结果

图 4 - 15　"Trees4901"图像融合结果

表 4 - 1 给出了以上三组实验的客观评价指标值，以粗体和下划线显示的值分别表示所有方法中最好的和第二好的得分。从表中可以看出，本节所提方法在"UN Camp"和"Trees 4901"两组源图像上都获得了最好得分。DTCWT-SR 方法针对"Queens Road"源图像在 Q_{MI}、Q_Y 和 Q_G 三个指标上获得了最好得分，在 Q_{CB} 指标上获得了第二好的得分，表现较好，而本节所提方法在 Q_{CB} 指标上获得了最好得分，在 Q_{MI} 和 Q_Y 指标上都获得了第二好的得分。总体来说，本节所提方法要优于其他的图像融合方法。

表 4-1 基于不同方法的融合图像客观评价指标值

实验图像	评价指标	融合方法					
		DWT	DTCWT	NSCT	DTCWT-SR	Hybrid-MSD	本节方法
UN Camp	Q_{MI}	0.210 7	0.229 7	0.229 3	0.251 8	0.304 2	**0.673 1**
	Q_G	0.393 3	0.418 8	0.475 1	0.431 2	0.459 0	**0.524 4**
	Q_Y	0.748 3	0.776 3	0.811 3	0.786 3	0.802 5	**0.962 5**
	Q_{CB}	0.552 5	0.548 7	0.575 9	0.555 5	0.585 9	**0.672 7**
Queens Road	Q_{MI}	0.259 5	0.227 9	0.286 7	**0.407 2**	0.247 6	0.336 1
	Q_G	0.473 8	0.500 0	0.549 6	**0.592 2**	0.505 2	0.368 4
	Q_Y	0.715 7	0.735 3	0.766 3	**0.855 6**	0.720 4	0.854 2
	Q_{CB}	0.475 9	0.467 9	0.480 9	0.531 0	0.486 4	**0.556 1**
Trees4901	Q_{MI}	0.304 4	0.331 5	0.333 9	0.318 7	0.370 7	**0.944 5**
	Q_G	0.402 6	0.445 1	0.479 5	0.436 9	0.423 9	**0.536 8**
	Q_Y	0.772 7	0.829 1	0.836 2	0.832 9	0.751 9	**0.995 7**
	Q_{CB}	0.509 9	0.493 2	0.528 3	0.411 8	0.434 7	**0.791 4**

4.5 基于图像对比度增强的红外与可见光图像融合方法

在夜间捕获的可见光图像细节信息的可见性受照明条件的影响。在光线不好的条件下，细节信息通常会显示极低的对比度。直接融合红外与可见光图像所得的融合图像的清晰度往往较低。因此，在融合之前，对图像进行对比度增强是非常必要的。

针对以上问题，本节介绍一种基于图像对比度增强的红外与可见光图像融合方法。首先，为提高可见光图像低亮度细节的能见度，在融合之前，提出一种基于引导滤波器的动态范围压缩与线性变换相结合的自适应图像增强方法；其次，采用基于引导滤波器和高斯滤波器的多尺度融合方法，将红外图像信息有效地注入可见光图像中；最后，运用非局部均值滤波对融合后的图像进行处理，以得到效果增强的融合图像。实验结果表明，该方法能够获得较好的夜视场景增强效果。

4.5.1 基于引导滤波器和线性变换的可见光图像增强算法

基于引导滤波器的图像对比度增强算法具体叙述如下：假设 $\boldsymbol{I}$ 是被标准化为像素值在[0,255]之间的输入图像，设 $\boldsymbol{I}_b = GF_{r,\varepsilon}(\boldsymbol{I})$ 为引导滤波器处理得到的滤波图像，根据以下公式可以得到图像在对数域中的基础层：

$$\hat{\boldsymbol{I}}_b = \log(\boldsymbol{I}_b + \xi) \tag{4-60}$$

和细节层：

$$\hat{\boldsymbol{I}}_d = \log(\boldsymbol{I} + \xi) - \hat{\boldsymbol{I}}_b \tag{4-61}$$

在运算中，log 表示自然对数运算符，$\xi=1$ 用于防止出现的数值为负数。

然后，利用尺度因子 β 对图像 $\hat{\boldsymbol{I}}_b$ 进行动态范围压缩，以及利用比例因子 γ 对图像进行对比度的调整，整体的算法为：

$$\hat{\boldsymbol{u}} = \beta\hat{\boldsymbol{I}}_b + \hat{\boldsymbol{I}}_d + \gamma \tag{4-62}$$

当 $\beta<1$ 时，图像基础层的对比度降低，细节层的对比度不变，对图像进行动态范围压缩后再进行对比度的调整，尽管规定的图像亮度在 0～255 之间，但是其处理结果也是相当可观的。

设置一个基础对比度 T，然后将基础层的对比度缩小到 T 值附近，β 可表示为：

$$\beta = \frac{\log(T)}{\max(\hat{\boldsymbol{I}}_b) - \min(\hat{\boldsymbol{I}}_b)} \tag{4-63}$$

其中，$\max(\hat{\boldsymbol{I}}_b)$ 和 $\min(\hat{\boldsymbol{I}}_b)$ 分别表示图像 $\hat{\boldsymbol{I}}_b$ 的最大强度和最小强度，因此动态范围压缩会降低图像的对比度。设置一个比例因子 γ 来调节图像的对比度，在保证增强图像对比度的同时，增强后图像亮度不超过最大亮度，γ 定义为：

$$\gamma = (1-\beta)\max(\hat{\boldsymbol{I}}_b) \tag{4-64}$$

从而，当 $0<\lambda<1$ 以及 $\beta<1$ 时，得到增强图像：

$$u = \exp(\hat{\boldsymbol{u}}) \tag{4-65}$$

在本节实验中，引导滤波器的大小设置为 $r=\lfloor 0.04\max(W,H)\rfloor$，其中 W 和 H 分别是输入图像的宽和高；ε 设置为 0.1；目标基础对比度 T 设置为 4。

为有效突出感兴趣目标所在的灰度区间，并且相对抑制那些不感兴趣目标的灰度区间，本节利用三段线性变换对图像做进一步增强处理。假设源图像 $\boldsymbol{I}$ 的灰度在[0,255]范围内，感兴趣目标的灰度范围在 $[a,b]$，将其拉伸到 $[c,d]$，对应的分段线性变换表示为：

$$g(x,y) = \begin{cases} \dfrac{c}{a}I(x,y), & 0 \leqslant I(x,y) < a \\[2ex] \dfrac{d-c}{b-a}[I(x,y)-a]+c, & a \leqslant I(x,y) < b \\[2ex] \dfrac{255-d}{255-b}[I(x,y)-b]+d, & b \leqslant I(x,y) \leqslant 255 \end{cases} \tag{4-66}$$

按照这种三段线性变换，就可以把原始图像在 $[0,a)$ 灰度范围的像素变换到 $[0,c)$ 灰度范围，把 $[a,b)$ 灰度范围的像素变换到 $[c,d)$ 灰度范围，把 $[b,255)$ 灰度范围的像素变换到 $[d,255)$ 的灰度范围。当某段直线的斜率大于 1 时，会拓展原始图像的灰度范围；当斜率小于 1 时，会压缩其灰度范围。本节实验中，a，b 分别取 50 和 220，c，d 分别取 10 和 240 时，可以得到较好的图像增强效果。

图 4－16 展示了图像增强效果，其中(a)为在低照度条件下拍摄的可见光图像，(b)为基于引导滤波器和动态范围压缩的图像增强效果图，(c)为基于本节所提方法的图像增强效果图。从图中可以看出两种方法都能有效地对低照度条件下的图像进行增强，相比较而言本节所提方法可以保留更多的纹理细节信息，更加符合人类视觉感知效果。

(a) 源图像　　(b) GF和动态范围压缩效果　　(c) 本节方法效果

图 4-16　图像增强效果

4.5.2　图像融合方法

对红外图像和可见光图像利用 4.4.2 小节的混合信息分解方法进行混合信息分解，得到分解后的信息。针对小尺度层、大尺度层和底层粗略尺度分解信息采用不同的融合算法。通常，对于小尺度层分解信息的融合，只选择顶层的分解信息($j=1$)。在这个层级上的融合权重是用绝对最大选择方法确定的：

$$\boldsymbol{C}^{(\varepsilon,1)}=\begin{cases}1, & |\boldsymbol{I}_{ir}^{(\varepsilon,1)}|>|\boldsymbol{I}_{vis}^{(\varepsilon,1)}| \\ 0, & \text{其他}\end{cases} \quad (\varepsilon=t,e) \tag{4-67}$$

因此，在该分解层的融合信息为：

$$\boldsymbol{I}_F^{(\varepsilon,1)}=\boldsymbol{C}_F^{(\varepsilon,1)}\boldsymbol{I}_{ir}^{(\varepsilon,1)}+(1-\boldsymbol{C}_F^{(\varepsilon,1)})\boldsymbol{I}_{vis}^{(\varepsilon,1)} \tag{4-68}$$

大尺度层包括从 $j=2$ 到 $j=n$ 的分解层，由于突出的红外光谱信息通常是具有突出边缘的大尺度特征，红外图像的分解边缘特征通常对应于重要的红外光谱特征，并可用于确定红外图像信息的融合权重。首先，在各个分解层上识别出重要的红外光谱特征：

$$\boldsymbol{R}^j=\begin{cases}|\boldsymbol{I}_{ir}^{(e,j)}|-|\boldsymbol{I}_{vis}^{(e,j)}|, & |\boldsymbol{I}_{ir}^{(e,j)}|-|\boldsymbol{I}_{vis}^{(e,j)}|>0 \\ 0, & \text{其他}\end{cases} \tag{4-69}$$

接下来，对 $\boldsymbol{R}^j$ 进行归一化：

$$\boldsymbol{P}^j=\boldsymbol{R}^j/\max_{x\in\Omega}\{\boldsymbol{R}^j(x)\} \tag{4-70}$$

然后，通过以下非线性函数进行调节，得到融合权重：

$$\boldsymbol{C}^j=g_{\sigma_c}*S_\tau(\boldsymbol{P}^j) \tag{4-71}$$

其中，$g_{\sigma_c}(x)=\exp(-0.5\ \|x\|^2/\sigma_c^2)/(2\pi\sigma_c^2)$是一个高斯函数，用于局部平滑和降低噪声；$S_\tau$ 定义为：

$$S_\tau(x)=\arctan(\tau x)/\arctan(\tau) \tag{4-72}$$

其中，$S_\tau(x)(x\in[0,1])$被定义为非线性单调递增函数，当 τ 增大时，函数值逐渐饱和到 1，因此参数 τ 可用于控制注入可见光图像中的红外信息，τ 越大，注入可见光图像中的红外信息越多。通过以下公式可将图像的大尺度分解信息融合起来：

$$\boldsymbol{I}_F^{(\varepsilon,j)}=\boldsymbol{C}^j\boldsymbol{I}_{\text{ir}}^{(\varepsilon,j)}+(1-\boldsymbol{C}^j)\boldsymbol{I}_{vis}^{(\varepsilon,j)} \quad (j=2,\cdots,n;\varepsilon=t,e) \tag{4-73}$$

最后，分解的底层粗略尺度信息通过公式(4-73)进行融合：

$$\boldsymbol{I}_F^b = \boldsymbol{C}^b \boldsymbol{I}_{ir}^b + (1 - \boldsymbol{C}^b)\boldsymbol{I}_{vis}^b \tag{4-74}$$

其中：

$$\boldsymbol{C}^b = g_{\sigma_b} * S_\tau(\boldsymbol{P}^n) \tag{4-75}$$

通常，设置 $\sigma_b = 4r_n$ 来平滑融合权重，以更好地融合图像的底层粗略尺度信息。

4.5.3 非局部均值滤波

为了使融合图像更加符合人类视觉感知效果，同时去除融合图像中的孤立点，可利用非局部均值滤波对融合图像进一步处理。非局部均值滤波充分利用了图像中的冗余信息，在去噪的同时能最大限度地保持图像的细节特征。该算法的基本思想是：当前像素点的估计值由图像中与它具有相似邻域结构的像素点加权平均得到。理论上，该算法需要在整个图像范围内判断像素点间的相似度，也就是说，每处理一个像素点时，都要计算它与图像中所有像素点间的相似度。但是考虑到效率问题，实现的时候，会设定两个固定大小的窗口：搜索窗口（窗口半径为 D_s）($D\times D, D=2\times D_s+1$)和邻域窗口（窗口半径为 d_s）。邻域窗口在搜索窗口中滑动，根据邻域间的相似性确定像素的权值。图 4-17 是算法执行过程。

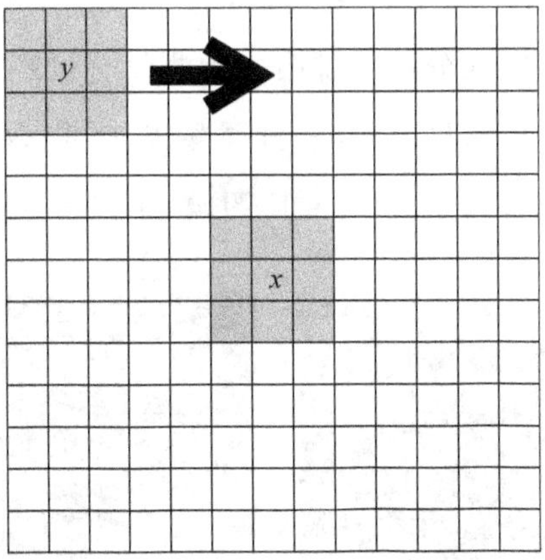

图 4-17 非局部均值滤波

在图 4-17 中，大窗口是以目标像素点 x 为中心的搜索窗口，两个灰色小窗口分别是以 x、y 为中心的邻域窗口，其中以 y 为中心的邻域窗口在搜索窗口中滑动，通过计算两个邻域窗口间的相似程度为 y 赋以权值 $\boldsymbol{w}(x,y)$。

设含噪声图像为 $\boldsymbol{v}$，去噪后的图像为 $\tilde{\boldsymbol{u}}$。$\tilde{\boldsymbol{u}}$ 中像素点 x 处的灰度值通过如下方式得到：

$$\tilde{\boldsymbol{u}}(x) = \sum_{y\in I} w(x,y) * \boldsymbol{v}(y) \tag{4-76}$$

其中，权值 $w(x,y)$表示像素点 x 和 y 间的相似度，它由以 x、y 为中心的矩形邻域 $V(x)$、$V(y)$ 间的距离 $\| V(x) - V(y) \|^2$ 决定：

$$w(x,y)=\frac{1}{Z(x)}\exp\left(-\frac{\| V(x)-V(y)\|^2}{h^2}\right) \tag{4-77}$$

其中：

$$\| V(x)-V(y)\|^2=\frac{1}{d^2}\sum_{\| z\|_\infty \leqslant d_s}\| v(x+z)-v(y+z)\|^2 \tag{4-78}$$

$$Z(x)=\sum_y \exp\left(-\frac{\| V(x)-V(y)\|^2}{h^2}\right) \tag{4-79}$$

其中，$Z(x)$为归一化系数；h 为平滑参数，控制高斯函数的衰减程度。h 越大，高斯函数变化越平缓，去噪水平越高，但同时也会导致图像越模糊；h 越小，边缘细节成分保持得越多，但会残留过多的噪声点。h 的具体取值应当以图像中的噪声水平为依据。

4.5.4 实验结果与分析

为验证本节所提方法的有效性，做了大量实验，并从主观评价和客观评价两个方面对所提方法进行验证，同时将其和目前常用的红外与可见光图像融合方法进行比较。这些方法包括基于 NSCT 的图像融合方法，参数设置参照文献[10]给出的针对红外与可见光图像融合的最优参数；文献[9]提出的基于引导滤波的图像融合方法（本节将该方法简记为 GFF）；文献[7]提出的基于双边和高斯滤波的混合多尺度分解的图像融合方法（本节将该方法简记为 Hybrid-MSD）；文献[11]提出的基于多尺度分解和稀疏表示相结合的图像融合方法，针对红外与可见光图像融合，多尺度分解方法为 DTCWT，分解层数为 4 层（本节将该方法简记为 DTCWT-SR）。限于篇幅，本节给出两组实验结果，实验用图像如图 4－18 所示。

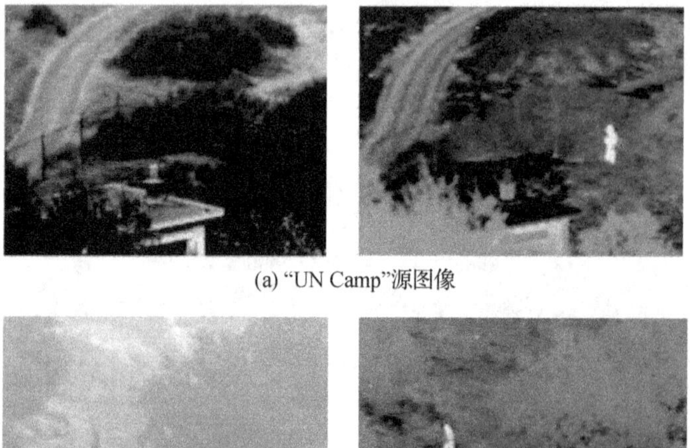

(a) “UN Camp”源图像

(b) “Trees4906”源图像

图 4－18 红外与可见光源图像

图 4－19 给出了不同融合方法在“UN Camp”源图像上的融合结果。从图 2－19(a)可以看出，基于 NSCT 的图像融合方法可以将红外与可见光图像有效地进行融合，但是融合图像中红外目标信息不突出，表现得比较暗；另外可见光图像中的纹理细节信息保留不充分，尤其是图像左下角和右下角的树木等信息没有有效保留。从图 4－19(b)可以看出，GFF 方法相比 NSCT 方法能有效地突出红外目标信息，但是它没能解决图像空间信息一致性问题，导致纹理细节信息保留不充分。从图 4－19(c)可以看出，相较于前两种方法，Hybrid-MSD 方法在有效突出红外目标的同时，尽可能多地保留了可见光图像的纹理细节信息，更加符合人眼视觉效果。但是由于源可见光图像对比度不高，所以导致最终融合图像整体对比度较低。从图 4－19(d)可以看出，DTCWT-SR 方法整体上更加突出红外目标信息，可见光信息保留不充分。从图 4－19(e)可以看出，本节所提方法不仅能有效地突出红外目标信息，还保留了可见光图像的纹理细节信息。同时，本节所提方法对源可见光图像进行了对比度增强，很好地提高了图像的可视性。

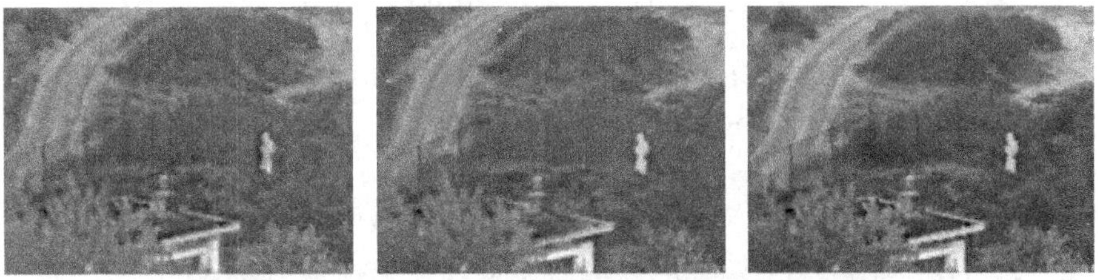

(a) NSCT结果　(b) GFF结果　(c) Hybrid-MSD结果

(e) 本节方法结果　(d) DTCWT-SR结果

图 4－19 “UN Camp”源图像融合结果

图 4－20 给出了不同融合方法在“Trees4906”源图像上的融合结果。这一组源图像中可见光图像的对比度非常低。从图 4－20(a)可以看出，基于 NSCT 的图像融合方法可以将两幅源图像融合为一幅图像，但由于可见光图像的低对比度导致融合图像整体对比度较低，很难分辨出背景信息，不利于人眼视觉感知。从图 4－20(b)、(c)和(d)三幅图像可以看出，GFF、Hybrid-MSD 和 DTCWT-SR 三种方法都能有效地突出红外目标信息，但是由于可见光图像的对比度较低，导致融合图像整体对比度较低。从图 4－20(e)可以看出，本节所提方法在融合之前将可见光图像的对比度进行有效增强，因此融合图像整体能见度较好。同时可以发现，本节所提方法不仅能有效突出红外目标信息，还保留了尽可能多的纹理细节信息，更加符合人类视觉感知效果。

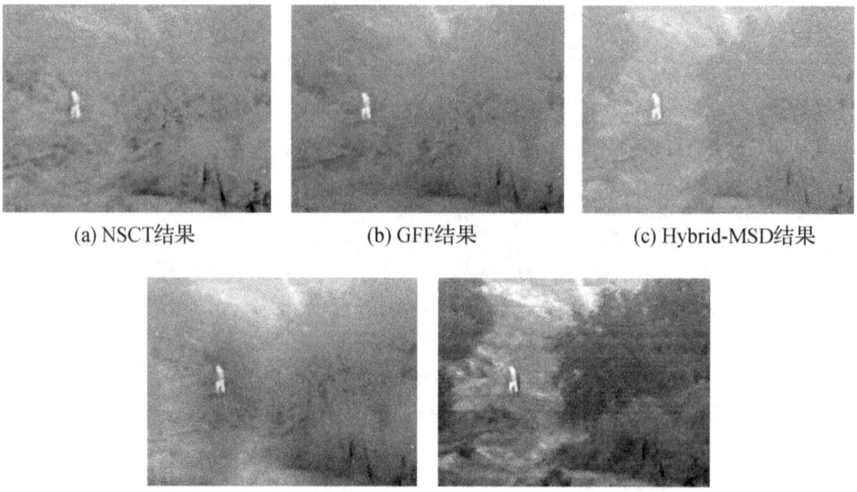

(a) NSCT结果　(b) GFF结果　(c) Hybrid-MSD结果

(d) DTCWT-SR结果　(e) 本节方法结果

图 4－20　“Trees4906”源图像融合结果

为了客观评价不同方法的融合性能，本节采用三种不同的客观评价指标，包括基于互信息的评价指标 Q_{MI}，基于图像结构相似度的评价指标 Q_Y，以及基于人类视觉感知启发的评价指标 Q_{CB}。Q_{MI}衡量的是源图像信息在融合图像中的保留效果，其值越大表明融合图像保留源图像的信息越多，融合图像质量越好；Q_Y测量的是融合图像保留源图像结构信息的效果，其值越大表明融合图像质量越好；Q_{CB}展示了人类视觉感知的良好预测性能，其值越大表明融合图像越符合人类视觉感知效果，融合图像质量越好。

表 4－2 给出了以上两组实验的客观评价指标值，表中以粗体和下划线显示的值分别表示最好的和第二好的得分。从表中可以看出，本节所提方法在“UN Camp”源图像上获得了最好得分；在“Trees4906”源图像上，本节所提方法在 Q_{MI}和 Q_{CB}两个指标上获得了最好得分，在 Q_Y指标上获得了第二好的得分。综合分析，本节所提方法整体上要优于其他融合方法。

表 4－2　基于不同方法的融合图像客观评价指标值

实验图像	评价指标	融合方法				
		NSCT	GFF	Hybrid-MSD	DTCWT-SR	本节方法
UN Camp	Q_{MI}	0.193 9	0.228 9	0.304 2	0.251 8	**0.366**
	Q_Y	0.349 2	0.846 2	0.802 5	**0.786 3**	**0.871 1**
	Q_{CB}	0.472 6	0.538 4	0.585 9	0.555 5	**0.673 3**
Trees4906	Q_{MI}	0.267 6	0.394 6	0.391 6	0.346 9	**0.492 5**
	Q_Y	0.237 9	**0.903 9**	0.778 1	0.842 0	0.842 9
	Q_{CB}	0.462 1	0.462 7	0.487 3	0.455 0	**0.665 4**

4.6　基于视觉显著性检测和图像两尺度分解的图像融合方法

为了在保证算法融合效果的同时提升算法效率，本节介绍一种基于视觉显著性检测和图像两尺度分解的融合方法。首先，利用 4.4.2 介绍的可见光图像增强算法对图像进行增强，同时对红外图像进行红外信息提取；然后，在对源图像进行处理后，利用低通滤波将处理后的源图像进行两尺度分解，同时引入视觉显著性检测的思想对基础层与细节层设计不同的融合权重进行融合；最后，对不同层级的融合结果进行组合重构，生成融合图像。

4.6.1　红外特征信息提取

传统的融合方法直接以红外图像作为源图像进行融合，易提供大量模糊信息，导致可见光图像中的暗处原始特征无法较好呈现，其融合结果往往易丢失大量纹理细节。这是由于红外图像与可见光图像的成像器件不同，两种类型的图像隶属于不同的光波段，在特征互补的同时也富含了大量互为冗余的信息，因此直接对图像进行融合容易造成细节的大量失真，不利于人眼感知。

为使融合后的图像在突出目标的同时尽可能保留可见光图像信息，本节采用了一种基于指数变换的红外特征信息提取方法，以可见光像素值为底数，将红外图像的像素值作为指数因子对可见光图像进行指数变换处理，以变换后的图像代替红外源图像，实现红外信息的提取。该变换可使红外特征信息有效提取至可见光波段上，实现对两类图像的同化处理，最大化保留源图像特征信息。

假设可见光和红外图像分别为 $I_v(x,y)$ 和 $I_r(x,y)$，且均已作归一化处理，通过计算得到增强图像为：

$$I_v^{en}(x,y) = 255 \times I_v(x,y)^{I_r(x,y)} \tag{4-80}$$

图 4-21 给出了红外特征信息提取效果。

(a) 红外图像　(b) 可见光图像　(c) 指数变换图像

(d) 红外图像　(e) 可见光图像　(f) 指数变换图像

图 4-21　对不同场景源图像进行指数变换的结果

4.6.2 基于低通滤波的图像两尺度分解

在实现可见光自适应增强的过程中，本文已经引入两尺度分解的概念。为将图像中的噪声与高频信息进一步滤除，此处引入低通滤波进行融合阶段的两尺度分解。文献[15]利用快速傅里叶变换有效解决了线性变换过程中的正则化问题，设计出了平滑性较好的低通滤波器。设增强后的可见光图像与指数变换图像分别为 $\boldsymbol{I}_E$ 和 $\boldsymbol{I}_R$，通过低通滤波，可获得基础层 $I_E^B(x,y)$ 和 $I_R^B(x,y)$：

$$\left.\begin{aligned} I_E^B(x,y) &= LP(I_E(x,y)) \\ I_R^B(x,y) &= LP(I_R(x,y)) \end{aligned}\right\} \tag{4-81}$$

通过源图像与基础层图像相减，获得细节层 $I_E^D(x,y)$ 和 $I_R^D(x,y)$：

$$\left.\begin{aligned} \boldsymbol{I}_E^D &= \boldsymbol{I}_E - \boldsymbol{I}_E^B \\ \boldsymbol{I}_R^D &= \boldsymbol{I}_R - \boldsymbol{I}_R^B \end{aligned}\right\} \tag{4-82}$$

4.6.3 视觉显著性检测

文献[16]提出了一种可以检测或识别图像中人像、房屋、车辆等显著性区域的算法。由于这类区域所呈现的场景更能为观者提供视觉信息，引起视觉注意，因此可利用源图像的显著特征建立各尺度水平上的图像融合规则。

图 4－22 为图像视觉显著性检测算法的原理图。首先，利用低通滤波对图像源进行局部平滑与降噪处理，减少图像像素点与其邻域间的灰度差异；然后，对每幅源图像应用中值滤波，消除伪影；最后，通过求得低通滤波与中值滤波的输出差值获得显著图。具体计算公式为：

$$S(x,y) = |\, I_{LP}(x,y) - I_m(x,y) \,| \tag{4-83}$$

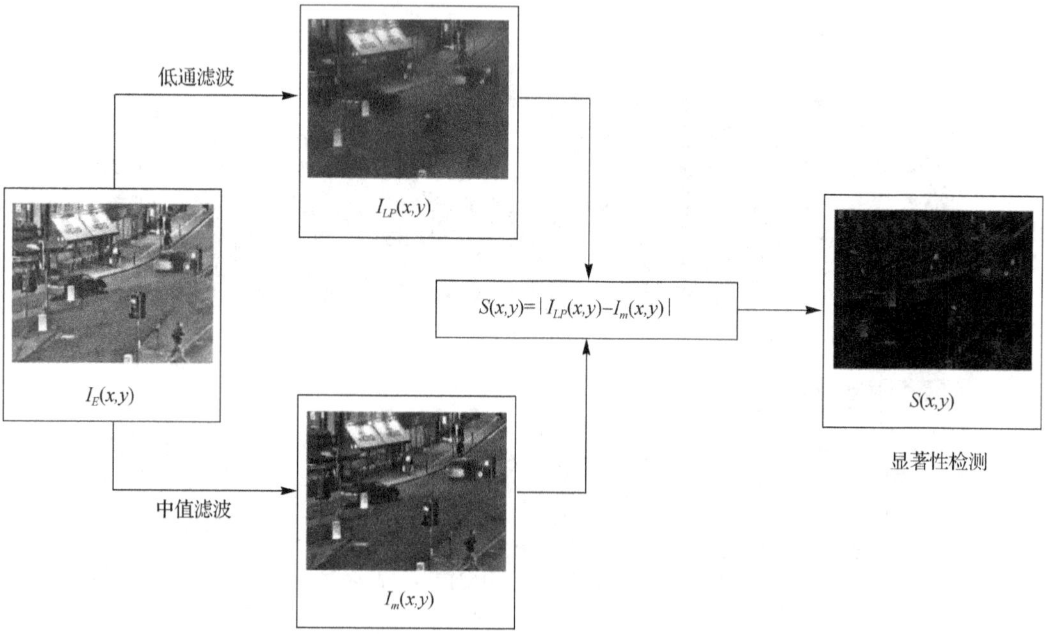

图 4－22 视觉显著性检测算法原理图

由图 4 - 22 可见，显著性检测结果能够突出显示源图像中显著特征信息的边缘轮廓等显著特征，较好地呈现出人类视觉所捕获的关键信息。

4.6.4　权重图构造

为突出融合图像的细节信息，使之更加适合人类视觉感知，本节在显著性检测结果的基础上构建权重图，通过权重系数的分配，以较高权重突出源图像中蕴含的显著特征信息，给不重要的信息分配较低权重以实现视觉感知增强。权重图通过处理归一化显著性检测结果构建，具体计算方式如下：

$$\left.\begin{aligned} C_E^D(x,y) &= \frac{S_E(x,y)}{S_E(x,y)+S_R(x,y)} \\ C_R^D(x,y) &= \frac{S_R(x,y)}{S_E(x,y)+S_R(x,y)} \end{aligned}\right\} \tag{4-84}$$

式中，$\boldsymbol{C}_E^D$和$\boldsymbol{C}_R^D$分别为$\boldsymbol{I}_E^D$和$\boldsymbol{I}_R^D$所对应的权重图，它们彼此互补，权重区间均为[0,1]，如图4 -23所示。因此，如果权重图$\boldsymbol{C}_E^D$给增强后的可见光图像$\boldsymbol{I}_E^D$中某个细节信息配置了较高的权重系数，那么相应的权重图$\boldsymbol{C}_R^D$会给指数变换图像$\boldsymbol{I}_R^D$分配较低权重，反之亦然。根据这一融合规则，能够实现利用显著性检测结果以突出源图像中更适合人类视觉感知的信息，保留重要细节。

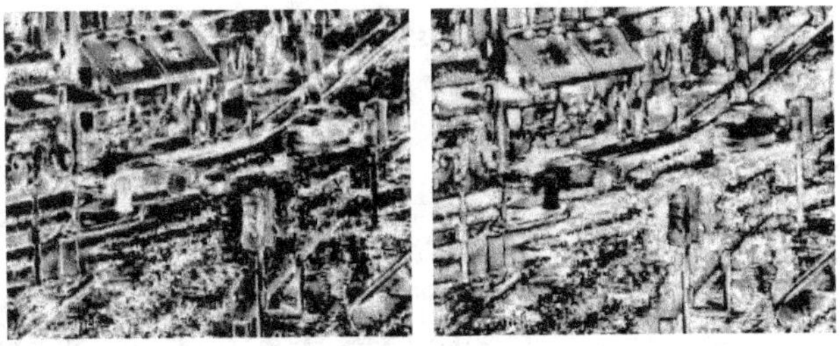

(a) $\boldsymbol{C}_E^D$　　(b) $\boldsymbol{C}_R^D$

图 4 - 23　对源图像“Road”权重图的仿真结果

4.6.5　图像重构

首先，利用加权平均融合规则得到融合后的细节层图像$\boldsymbol{I}_f^D$：

$$\boldsymbol{I}_f^D = \boldsymbol{C}_E^D\boldsymbol{I}_E^D + \boldsymbol{C}_R^D\boldsymbol{I}_R^D \tag{4-85}$$

然后，运用平均相加规则融合得到最终基础层$\boldsymbol{I}_f^B$：

$$\boldsymbol{I}_f^B = \frac{1}{2}(\boldsymbol{I}_E^B + \boldsymbol{I}_R^B) \tag{4-86}$$

最终，融合图像为：

$$\boldsymbol{I}_f = \boldsymbol{I}_f^B + \boldsymbol{I}_f^D \tag{4-87}$$

4.6.6　实验结果与分析

为验证算法的有效性，本节依然选取“Road”“Camp”“Dune”“Kayak”这 4 个场景下的源图像进行仿真验证，并与前文所设计的基于多尺度混合信息分解的融合算法（将其简记为 HMSD_EN）进行对比分析，结果如图 4-24～图 4-27 所示。

(a) 可见光图像　(b) 红外图像　(c) HMSD_EN结果　(d) 本节算法结果

图 4-24　两种算法对源图像“Road”的融合结果对比

(a) 可见光图像　(b) 红外图像　(c) HMSD_EN结果　(d) 本节算法结果

图 4-25　两种算法对源图像“Camp”的融合结果对比

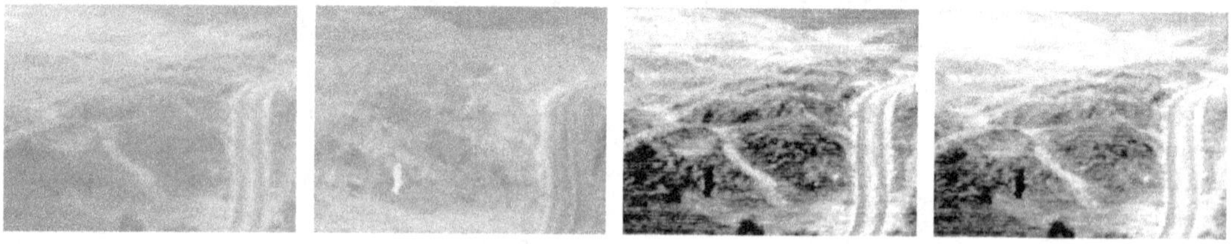

(a) 可见光图像　(b) 红外图像　(c) HMSD_EN结果　(d) 本节算法结果

图 4-26　两种算法对源图像“Dune”的融合结果对比

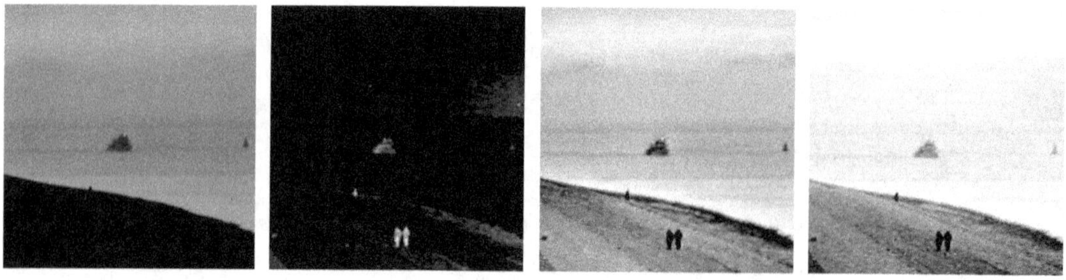

(a) 可见光图像　(b) 红外图像　(c) HMSD_EN结果　(d) 本节算法结果

图 4-27　两种算法对源图像“Kayak”的融合结果对比

通过对比可知，相比 HMSD_EN，本节所设计的两尺度融合算法对于灰度值跨度较大的区域处理得更为平滑一些，导致图像整体往往偏亮，在对比度以及高温目标的突出上略有损失，但在处理伪影方面，两尺度融合算法的效果更为出色。

选用相同的4组客观评价指标对两种融合结果进行度量并对比了算法处理时间，其中 Q_P 是基于相位一致性的评价指标，其值越大，图像质量越好，结果如表4-3所示。通过对比可知，在不同场景下中，实时融合算法在多数指标的度量上能够与精准融合持平，甚至更优，且大大降低了算法处理时间。

表4-3 改进前后融合算法的客观评价指标及运行时间对比

源图像	图像大小	融合算法	Q_{MI}	Q_Y	Q_P	Q_{CB}	处理时间(s)
Road	496×632	HMSD_EN	0.393 2	0.844 1	0.518 7	0.604 6	1.667 4
		本节算法	**0.435 2**	**0.866 4**	**0.564 6**	**0.634 6**	**0.435 7**
Camp	270×360	HMSD_EN	0.584 2	0.844 1	0.657 3	0.715 7	0.757 2
		本节算法	**0.608 8**	**0.913 6**	**0.708 6**	0.619 9	**0.289 4**
Dune	270×360	HMSD_EN	0.617 0	0.904 2	0.633 7	**0.696 5**	0.732 7
		本节算法	**0.653 0**	**0.915 4**	**0.685 8**	**0.608 6**	**0.273 8**
Kayak	510×505	HMSD_EN	0.585 0	0.872 3	**0.614 4**	**0.599 2**	1.436 2
		本节算法	**0.592 5**	**0.876 3**	0.563 5	0547 7	**0.414 3**

可见，两尺度融合算法能获得与HMSD_EN的融合性能，但本节所提算法运行效率更快，满足实时性要求。

[参考文献]

[1] Burt P J, Adelson E H. The Laplacian pyramid as a compact image code[J]. IEEE Transactions on Communications, 1983, 31(4): 532-540.

[2] 李光鑫. 红外和可见光图像融合技术的研究[D]. 长春：吉林大学，2008.

[3] Do M N, Vetterli M. The contourlet transform: An efficient directional multiresolution image representation[J]. IEEE Transactions on Image Processing, 2005, 14(12): 2091-2106.

[4] Da Cunha A L, Zhou J P, Do M N. The nonsubsampled contourlet transform: Theory, design, and applications[J]. IEEE Transactions on Image Processing, 2006, 15(10): 3089-3101.

[5] Farbman Z, Fattal R, Lischinski D, et al. Edge-preserving decompositions for multi-scale tone and detail manipulation[J]. ACM Transactions on Graphics, 2008, 27(3): 67:1-67:10.

[6] Hu J W, Li S T. The multiscale directional bilateral filter and its application to multisensor image fusion [J]. Information Fusion, 2012, 13(3): 196-206.

[7] Zhou Z Q, Wang B, Li S, et al. Perceptual fusion of infrared and visible images through a hybrid multi-scale decomposition with Gaussian and bilateral filters[J]. Information Fusion, 2016, 30: 15-26.

[8] He K M, Sun J, Tang X O. Guided image filtering[J]. IEEE Transactions on Pattern Analysis and Machine Intelligence, 2013, 35(6): 1397-1409.

[9] Li S T, Kang X D, Hu J W. Image fusion with guided filtering[J]. IEEE Transactions on Image Processing, 2013, 22(7): 2864-2875.

[10] Li S T, Yang B, Hu J W. Performance comparison of different multi-resolution transforms for image fusion[J]. Information Fusion, 2011, 12(2): 74-84.

[11] Liu Y, Liu S P, Wang Z F. A general framework for image fusion based on multi-scale transform and sparse representation[J]. Information Fusion, 2015, 24: 147-164.

[12] Liu Z, Blasch E, Xue Z Y, et al. Objective assessment of multiresolution image fusion algorithms for context enhancement in night vision: A comparative study[J]. IEEE Transactions on Pattern Analysis and Machine Intelligence, 2012, 34(1): 94-109.

[13] Zhou Z Q, Dong M J, Xie X Z, et al. Fusion of infrared and visible images for night-vision context enhancement[J]. Applied Optics, 2016, 55(23): 6480-6490.

[14] 朱浩然，刘云清，张文颖. 基于对比度增强与多尺度边缘保持分解的红外与可见光图像融合[J]. 电子与信息学报，2018，40(6)：1294-1300.

[15] Liu Z D, Chai Y, Yin H P, et al. A novel multi-focus image fusion approach based on image decomposition[J]. Information Fusion, 2017, 35: 102-116.

[16] 刘峰，沈同圣，马新星. 交叉双边滤波和视觉权重信息的图像融合[J]. 仪器仪表学报，2017，38(4)：1005-1013.

第 5 章　基于稀疏表示的图像融合方法

5.1　稀疏表示理论基础

稀疏表示处理信号的自然稀疏性与人类视觉系统是一致的。它是依据信号自身的特点，把信号看作一组基原子的线性组合。定义 $\boldsymbol{y}$ 为一维信号，长度为 n；φ 为基原子，长度与信号一致；$\boldsymbol{D}$ 为由基原子构成的字典，原子个数为 m，则信号可以表示为：

$$\boldsymbol{y}=\sum_{i=1}^{m}\alpha_i\varphi_i=\boldsymbol{D\alpha} \tag{5-1}$$

稀疏表示的原理如图 5-1 所示。若 $m<n$，则基原子不能完全表示 n 维向量张成空间中的信号，此时字典是非完备的(incomplete)；若 $m>n$，则 n 维向量张成空间中的每个信号均可由基原子线性表示，此时字典是过完备的(overcomplete)或冗余的(redundant)。在过完备字典下，已知 $\boldsymbol{y}$ 和 $\boldsymbol{D}$，则系数 $\boldsymbol{\alpha}$ 的求解是一个欠定问题，其解不唯一。一般通过求解如下最优化问题来求解系数 $\boldsymbol{\alpha}$：

$$\min_{\boldsymbol{\alpha}}\|\boldsymbol{\alpha}\|_0 \quad \text{subject to}\ \|\boldsymbol{D\alpha}-\boldsymbol{y}\|<\varepsilon \tag{5-2}$$

其中，$\|\boldsymbol{\alpha}\|_0$ 表示 $\boldsymbol{\alpha}$ 中的非零系数个数。

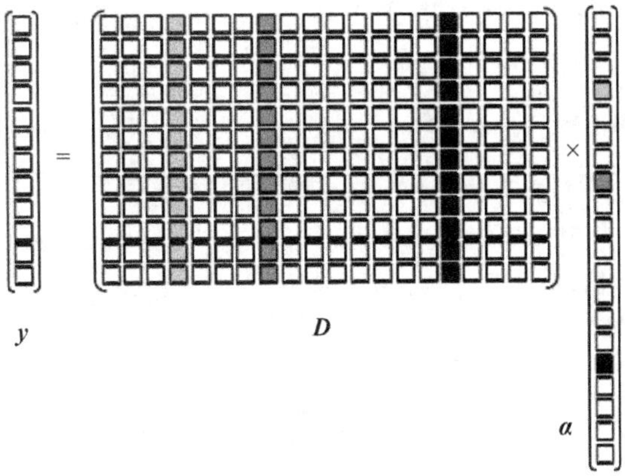

图 5-1　稀疏表示原理图

稀疏表示的两个主要特点是：过完备性和稀疏性。过完备性指的是字典中原子的个数远远超过图像像素点的个数或者信号的维数。过完备字典包含丰富的变换基，可以更稳定和精确地表征信号。稀疏性指的是与一个信号相关的系数是稀疏的，也就是说仅仅一少部分描述子即可描述或捕捉到感兴趣目标的重要结构信息。

5.2 基于稀疏表示的图像融合方法

5.2.1 图像分块与重构

因为稀疏表示是全局处理图像，而图像融合依赖源图像的局部信息，所以稀疏表示不能直接应用于图像融合。因此应该先将源图像分解为小的图像块，再利用维数小的固定字典去解决该问题。

假设源图像 $\boldsymbol{I}$ 分解成许多图像块，如图 5-2 所示，为便于分析，将大小为 $n\times n$ 的第 j 个图像块转换为一个列向量 $\boldsymbol{v}^j$。

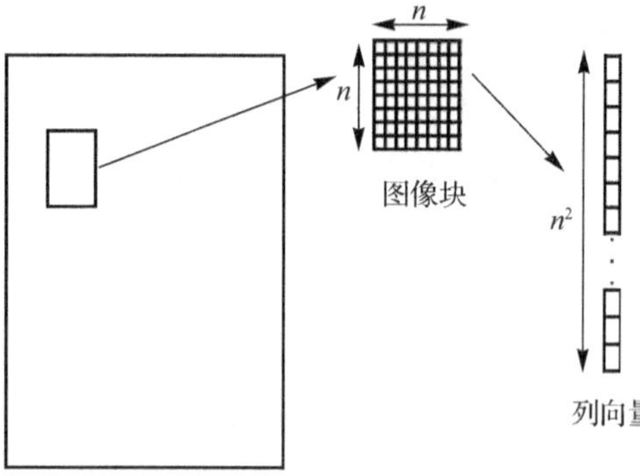

图 5-2 图像分块原理图

如果图像为配准的图像，一个图像将被分为整数个图像块，将所有的图像块转化为列向量并构成一个矩阵可表示为：

$$\boldsymbol{I}=[\boldsymbol{v}^1,\boldsymbol{v}^2,\boldsymbol{v}^3,\cdots,\boldsymbol{v}^j]$$

在进行稀疏字典的构造与稀疏融合时，都需要先将配准的图像进行分块，再将 $n\times n$ 的图像块变为列向量以进行下一步的处理。图像重构时，采取与分割规则相逆的规则先将列向量转换为图像块，再将图像块进行拼接，得到输出图像。

5.2.2 滑动窗技术

滑动窗技术原理如图 5-3 所示，通过设置重合度与步长来进行图像的分块。如果设置重合度为 7，步长为 8，图像块大小为 8×8，那么每次选取图像块时，将会以图像块 $I(1,1)$ 的下一块 $I(1,2)$ 作为起点，选取大小 8×8 的图像块进行接下来的变换。通过滑动窗技术可使图像在分块与重构的过程中更加精确地拼接，避免出现拼接处产生图像失真的问题。

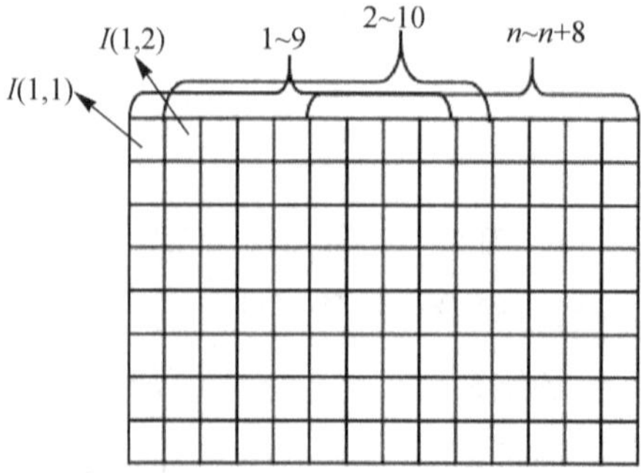

图 5-3 滑动窗技术原理图

5.2.3 图像融合方法

假设与图像 I 中所有图像块相关的列向量构成一个矩阵 $\mathbf{V}$，可表示为：

$$\mathbf{V} = [\boldsymbol{d}_1 \boldsymbol{d}_2 \cdots \boldsymbol{d}_T] \begin{bmatrix} \alpha^1(1) & \alpha^2(1) & \cdots & \alpha^J(1) \\ \alpha^1(2) & \alpha^2(2) & \cdots & \alpha^J(2) \\ \vdots & \vdots & \ddots & \vdots \\ \alpha^1(T) & \alpha^2(T) & \cdots & \alpha^J(T) \end{bmatrix} \tag{5-3}$$

其中，J 是图像块的个数。令 $\boldsymbol{\alpha}=[\boldsymbol{\alpha}^1,\boldsymbol{\alpha}^2,\cdots,\boldsymbol{\alpha}^J]$ 为一稀疏矩阵，则公式(5-3)可表示为：

$$\mathbf{V} = \boldsymbol{D\alpha} \tag{5-4}$$

假设有 K 个已配准图像 $\boldsymbol{I}_1,\boldsymbol{I}_2,\cdots,\boldsymbol{I}_K$，图像大小为 $M\times N$。基于稀疏表示的图像融合框架如图 5-4 所示。

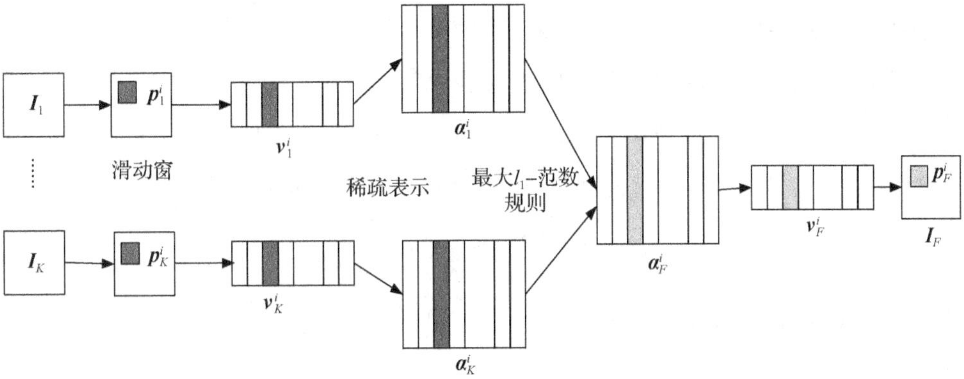

图 5-4 基于稀疏表示的图像融合原理图

具体步骤为：首先利用滑动窗技术将源图像 $\boldsymbol{I}_k$ 分解为大小为 $n\times n$ 的图像块，然后将所有的图像块转换为一维列向量，所有图像块对应的列向量构成一个矩阵 $\mathbf{V}_k$，其中每一个列向量对应源图像 $\boldsymbol{I}_k$ 中的一个图像块，$\mathbf{V}_k$ 的大小为$(n\times n)\times[(M-n+1)\times(N-n+1)]$。

对于 $\mathbf{V}_k$ 中第 j 列的向量 $\boldsymbol{v}_{k_j}$，其稀疏表示利用 OMP 算法计算得到。当稀疏表示误差下降到给定值以下或达到设定的最大迭代次数时，OMP 算法停止迭代。此时，可以得到 $\boldsymbol{v}_{k_j}$ 的稀疏表示系数 $\boldsymbol{\alpha}_{k_j}$。

$\boldsymbol{\alpha}_{k_j}$ 的显著性水平利用如下公式得到：

$$\mathbf{A}_{k_j} = \| \boldsymbol{a}_{k_j} \|_1$$

根据稀疏系数的显著性水平融合源图像的稀疏表示系数矩阵 $\alpha_1,\cdots\alpha_k,\cdots,\alpha_K$ 得到融合图像的稀疏表示系数矩阵 $\boldsymbol{\alpha}_F$。利用如下公式，计算 $\boldsymbol{\alpha}_F$ 的第 j 列：

$$\boldsymbol{\alpha}_{F_j} = \boldsymbol{\alpha}_{k_j^*}, \quad k_j^* = \arg\max_{k_j}(\mathbf{A}_{k_j}) \tag{5-5}$$

融合图像的向量表示 $\mathbf{V}_F$ 可写为：

$$\mathbf{V}_F = \boldsymbol{D\alpha}_F \tag{5-6}$$

最终，融合图像 $\boldsymbol{I}_F$ 通过 $\boldsymbol{V}_F$ 重构得到。将 $\boldsymbol{V}_F$ 中的每个列向量 $\boldsymbol{v}_{F_j}$ 重新转换为大小为 $n\times n$ 的图像块，并将其加入融合图像 $\boldsymbol{I}_F$ 中的相应位置。因此，对于每个像素位置，像素值是几个图像块相应位置像素值的和，该像素值除以其相应位置处图像块的累加次数即为最终的重构结果。

5.3 稀疏字典的构造

5.3.1 稀疏字典学习原理

在稀疏表示模型中，冗余字典 $\boldsymbol{D}$ 起着非常重要的作用，一个冗余字典的好坏决定着重构误差值。作为字典学习算法中的典型代表，K-SVD 算法快速有效，且应用广泛，因此接下来先对 K-SVD 算法进行介绍。

K-SVD 算法分为稀疏表示和字典更新两个阶段，在稀疏表示阶段，可以采用任意的匹配追踪算法求解稀疏表示系数矩阵 $\boldsymbol{\alpha}$，保证每一个参数向量中的非零元素个数不超过 L；在更新阶段，按列更新字典元素，使其更加匹配输入信号的特征。

同步更新字典 $\boldsymbol{D}$ 的每列原子 $\boldsymbol{d}_k$ 及对应参数 $\boldsymbol{\alpha}_R^k$（$\boldsymbol{\alpha}_R^k$ 表示系数矩阵 $\boldsymbol{\alpha}$ 的第 k 行），按列更新的同时，相对应的表示系数更新问题转化成寻找秩为 1 的残差矩阵的逼近解，记为：

$$\boldsymbol{E}_k=\boldsymbol{Y}-\sum_{j\neq k}\boldsymbol{d}_j\boldsymbol{\alpha}_R^j \tag{5-7}$$

令 $\widetilde{\boldsymbol{\alpha}}_R^k$、$\widetilde{\boldsymbol{E}}_k$ 分别表示 $\boldsymbol{\alpha}_R^k$、$\boldsymbol{E}_k$ 中去掉零元素所得到的紧密向量和矩阵，那么 $\boldsymbol{d}_k$ 和 $\widetilde{\boldsymbol{\alpha}}_R^k$ 可以通过下式求得：

$$\langle\boldsymbol{d}_k,\widetilde{\boldsymbol{\alpha}}_R^k\rangle=\arg\min_{\boldsymbol{d}_k,\boldsymbol{\alpha}_R^k}\{\|\widetilde{\boldsymbol{E}}_k-\boldsymbol{d}_k\widetilde{\boldsymbol{\alpha}}_R^k\|_F^2\} \tag{5-8}$$

采用奇异值分解的方法估计 $\widetilde{\boldsymbol{E}}_k$，即 $SVD(\widetilde{\boldsymbol{E}}_k)=\boldsymbol{U}\sum\boldsymbol{V}^t$，然后得到 $\boldsymbol{d}_k$ 和 $\widetilde{\boldsymbol{\alpha}}_R^k$，即

$$\boldsymbol{d}_k=\boldsymbol{U}(:,1),\widetilde{\boldsymbol{\alpha}}_R^k=\sum(1,1)\boldsymbol{V}(:,1) \tag{5-9}$$

最后用得到的 $\widetilde{\boldsymbol{\alpha}}_R^k$ 更新 $\boldsymbol{\alpha}_R^k$ 中对应的非零元素，依次更新 $\boldsymbol{D}$ 中的每一列后即可得到更新后的字典 $\boldsymbol{D}$ 和稀疏表示矩阵 $\boldsymbol{A}$。

具体步骤如下：

输入：初始化字典 $\boldsymbol{D}^{(0)}\in\boldsymbol{R}^{n\times K}$

输出：更新字典 $\boldsymbol{D}^{new}$，稀疏表示矩阵 $\boldsymbol{A}^{new}$

初始化：将字典 $\boldsymbol{D}^{(0)}$ 进行列归一化，迭代次数 $j=1$

迭代过程：

步骤 1：稀疏编码根据公式 $\hat{\boldsymbol{x}}=\arg\min_x(\|\boldsymbol{y}-\boldsymbol{D}\boldsymbol{a}\|_2^2+\mu\|\boldsymbol{\alpha}\|_1)$，用匹配追踪算法计算单个信号 $\boldsymbol{y}_i$ 的稀疏表示 $\boldsymbol{a}_i(i=1,2\cdots N)$；

步骤 2：字典更新：按列更新字典原子 $\boldsymbol{d}_k(k=1\cdots K)$ 及对应行向量 $\boldsymbol{a}_R^k$：

a. 找出使用 $\boldsymbol{d}_k$ 表示的信号集 $\boldsymbol{w}_k=\{1\leqslant i\leqslant N, \boldsymbol{\alpha}_R^k(i)\neq 0\}$；

b. 计算表示误差矩阵 $\boldsymbol{E}_k$，并求得其紧密向量和矩阵 $\tilde{\boldsymbol{\alpha}}_R^k$、$\tilde{\boldsymbol{E}}_k$；

c. 利用 $SVD(\tilde{\boldsymbol{E}}_k)=\boldsymbol{U}\sum\boldsymbol{V}^t$ 求解并根据式(5-9)更新 $\boldsymbol{d}_k$、$\boldsymbol{\alpha}_R^k$；

步骤 3：若收敛条件满足，转入步骤 4；否则，迭代次数 $j=j+1$，返回步骤 1；

步骤 4：迭代停止，得到更新字典 $\boldsymbol{D}^{new}=\boldsymbol{D}$ 和稀疏矩阵 $\boldsymbol{A}^{new}=\boldsymbol{A}$。

5.3.2　稀疏字典学习的实现

(1) 为保证学习字典所用数据具有代表性，在网站上[①]下载了 10 张纹理清晰的高清照片作为学习样本，如图 5-5 所示。

图 5-5　学习字典所用样本图

将学习数据做图像分割处理，最终随机选取了 50 000 个大小为 8×8 的图像块作为原始学习数据对稀疏字典进行学习。

(2) 设置学习字典参数，将误差设置为 0.001，迭代次数设置为 200，字典大小分别设定为 64×128、64×256、64×512，分别对三种字典进行学习，三种字典的学习结果如图 5-6 所示。

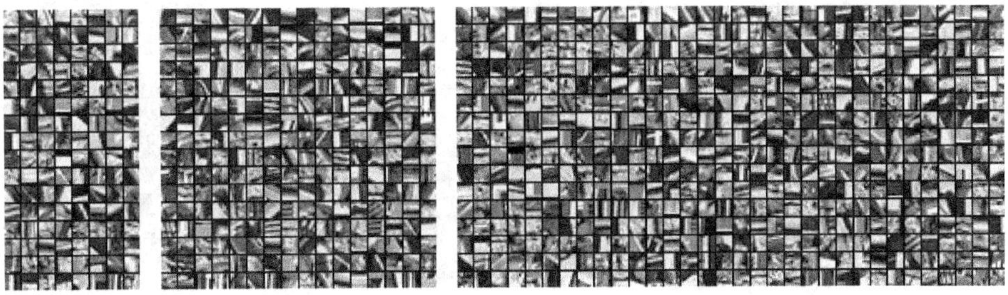

D-128　　D-256　　D-512

图 5-6　不同大小字典学习结果图

(3) 对三种字典的稀疏融合性能进行大量实验，选取其中的两组进行说明。

图 5-7 为两组实验源图像，分别为"Camp"和"Octec"，对它们分别用大小为 128、256、512 的字典进行图像融合，融合效果如图 5-8、图 5-9 所示。

---

① http://r0k.us/graphics/kodak/

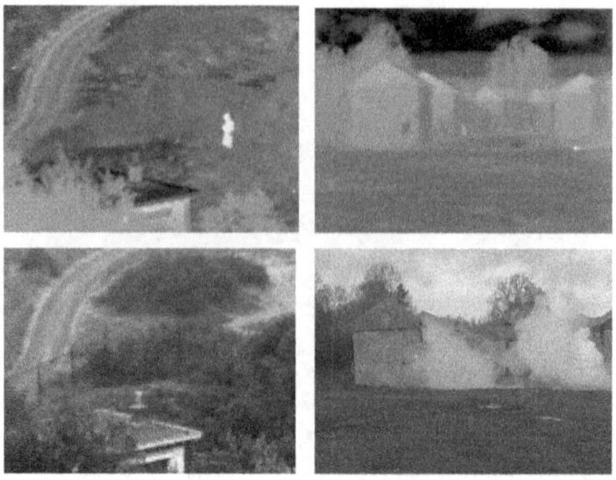

(a) Camp　　(b) Octec

图 5－7　源图像

(a) 红外图像　　(b) 可见光图像　　(c) D-128效果

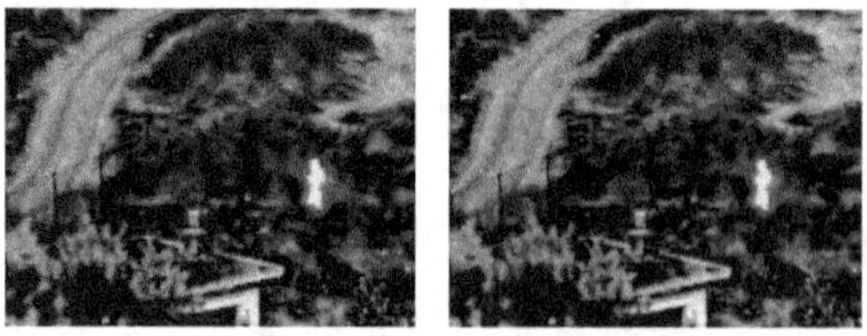

(d) D-256效果　　(e) D-512效果

图 5－8　**Camp** 融合效果图

(a) 红外图像　　(b) 可见光图像　　(c) D-128效果

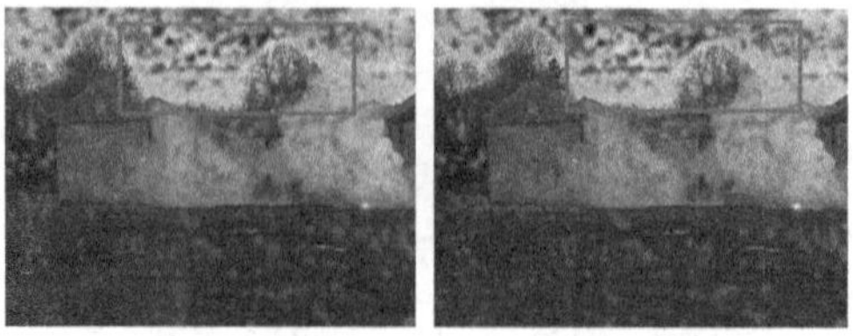

(d) D-256效果　　(e) D-512效果

图 5－9　**Octec** 融合效果图

从直观的融合效果可以看出，对于"Camp"源图像，三种字典可以得到基本的融合效果，但融合效果有所不同，随着字典大小的增加，融合图像的环境信息更加丰富；对于"Octec"源图像，用三种字典融合后均在图像上方出现了颗粒状结果，这是因为融合过程中最大 l_1 -范数准则对随机噪声非常敏感，导致在空间域中小的像素值的变化影响了几个图像块的融合结果。为更直接地看出三种字典的融合性能优劣，引进客观评价指标做进一步分析。

选取基于信息理论的评价指标Q_{MI}(归一化互信息)和Q_{NCIE}(非线性相关信息熵)、基于图像梯度特征的评价指标Q_G(基于渐变的图像融合度量)和Q_{SF}(基于空间频率的图像融合度量)、基于人类感知启发的评价指标Q_{CB}(Chen-Blum 度量)作为客观评价指标(以上指标值均越大越好)，同时对比分析三种字典的融合时间 T，对三种字典的融合性能做客观的比较分析，比较结果如表 5-1、表 5-2 所示。

表 5-1　三种字典对"Camp"源图像的融合性能对比

评价指标	字典		
	D-128	D-256	D-512
Q_{MI}	0.272 7	0.290 8	0.299 5
Q_G	0.409 4	0.415 4	0.421 1
Q_{NCIE}	0.803 9	0.804 1	0.804 2
Q_{SF}	−0.138 3	−0.124 1	−0.125 1
Q_{CB}	0.541 6	0.543 8	0.543 3
T	93.15	131.57	213.91

表 5-2　三种字典对"Octec"源图像的融合性能对比

评价指标	字典		
	D-128	D-256	D-512
Q_{MI}	0.539 1	0.555 8	0.562 8
Q_G	0.408 2	0.420 9	0.426 3
Q_{NCIE}	0.812 8	0.813 6	0.814 0
Q_{SF}	0.059 0	0.066 8	0.069 4
Q_{CB}	0.513 7	0.516 5	0.515 9
T	296.32	423.13	668.72

通过对比可以看出：

(1) 随着字典大小的增加，大部分评价指标值呈增加趋势。

(2) 随着字典大小的增加，融合时间增加，D-256 字典对比 D-128 字典的增幅高于 D-512 字典对比 D-256 字典的增幅。

(3) D-256 字典对比 D-128 字典的客观评价指标值增幅高于 D-512 字典对比 D-256 字典的客观评价指标值增幅；D-256 字典对比 D-128 字典的融合时间增幅低于 D-512 字典对比 D-256 字典的融合时间增幅。

所以字典大小的增加可以提升融合性能，主要是因为字典中包含的信息量较多，从而选择也较多。但在实际操作中，效率问题也应是着重考虑的问题，随着字典大小的增加会带来融合时间增加的弊端，所以应选取融合时间与评价指标值均合适的字典作为融合字典。经过综合比较图像融合性能，建议采用 D-256 字典作为以下的融合方法研究过程使用的字典。

5.4 图像多尺度分解与稀疏表示相结合的图像融合方法

通过图 5-8、图 5-9 以及表 5-1、表 5-2 可以明显看出，传统的基于稀疏表示的融合方法存在融合时间过长、融合图像空间不连续等问题。目前解决这些问题的整体思路是将基于稀疏表示的融合方法与传统的图像融合方法相结合，以获得更好的融合效果。现有范围内已经有了连续曲波变换法与稀疏表示结合(CVT-SR)、双树复小波变换法与稀疏表示结合(DTCWT-SR)、拉普拉斯金字塔法与稀疏表示结合(LP-SR)、非下采样轮廓波变换与稀疏表示结合(NSCT-SR)、比率低通金字塔法与稀疏表示结合(RP-SR)等方法。

本节提出结合图像多尺度混合信息分解与稀疏表示相结合的图像融合方法。首先，利用 4.4 节中的图像多尺度混合信息分解方法将待融合图像分解为基础层、纹理层和边缘层；然后，对边缘层和纹理层采用传统的基于感知的参数选择方法进行图像融合，对基础层采用基于稀疏表示的图像融合方式进行融合；最后，进行图像重构，得到融合图像。图 5-10 给出了图像融合框架。

选取 6 组已配准的红外与可见光图像作为源图像，如图 5-11 所示。将本节所提方法与现有的基于 LP-SR、RP-SR、DTCWT-SR、CVT-SR、HMSD_GF、NSCT 的图像融合方法进行比较，融合结果如图 5-12—图 5-17 所示。

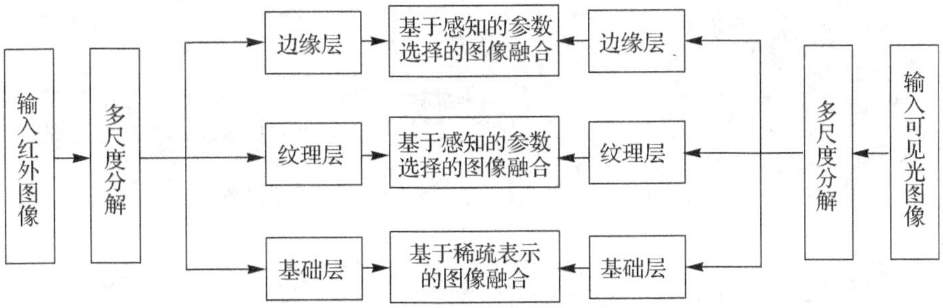

图 5-10　本节所提图像融合框架

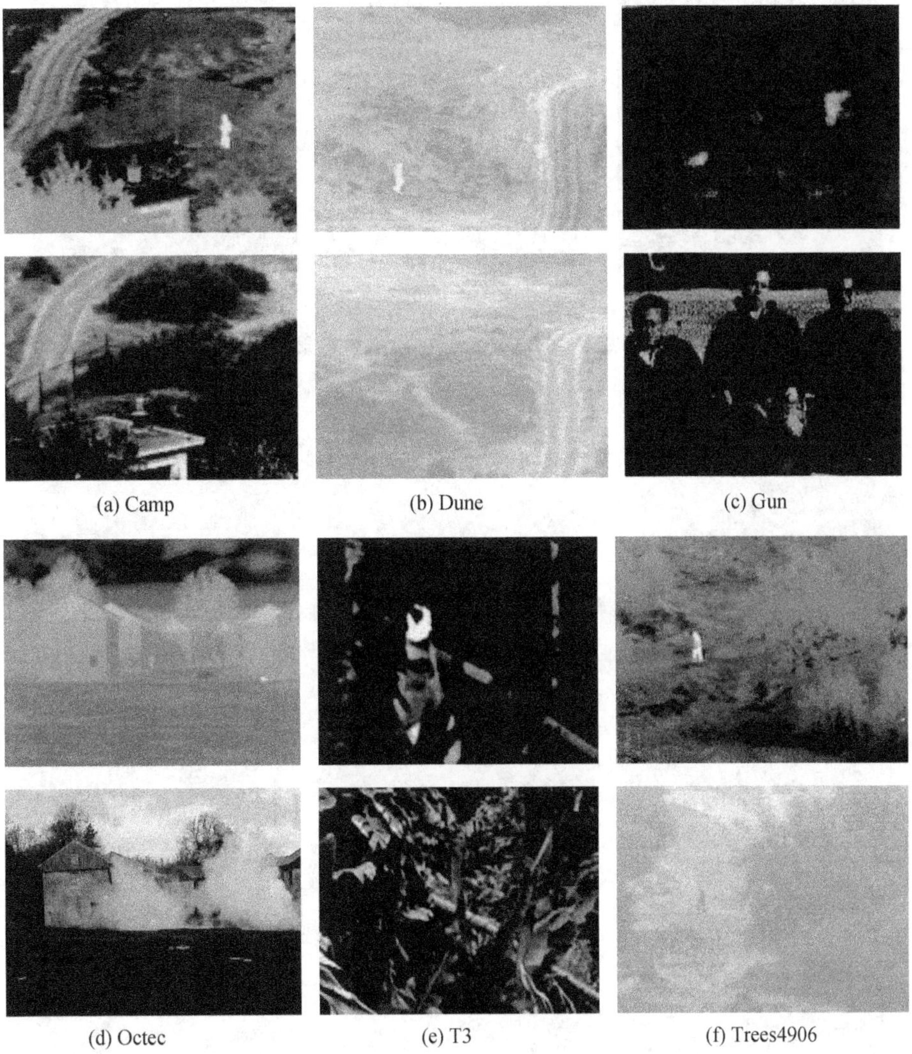

图 5-11　红外与可见光源图像

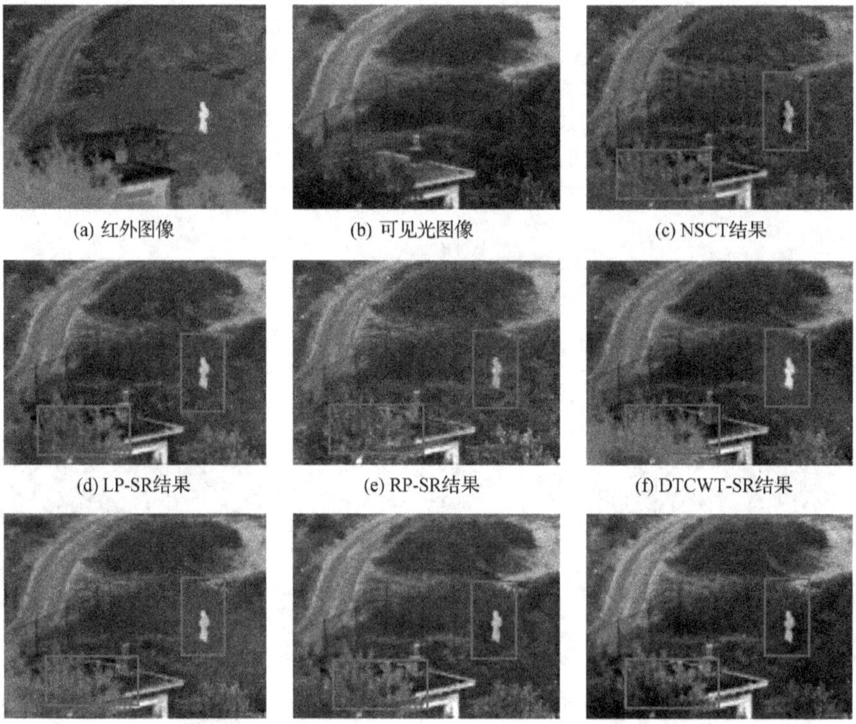

(a) 红外图像　(b) 可见光图像　(c) NSCT结果

(d) LP-SR结果　(e) RP-SR结果　(f) DTCWT-SR结果

(g) CVT-SR结果　(h) HMSD_GF结果　(i) 本节方法结果

图 5－12　"Camp"图像融合结果

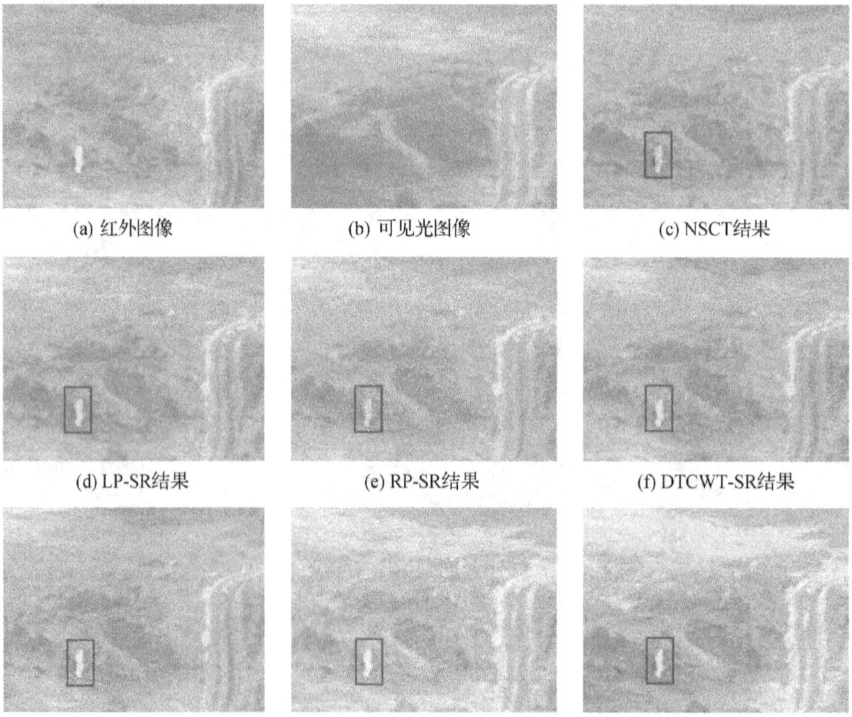

(a) 红外图像　(b) 可见光图像　(c) NSCT结果

(d) LP-SR结果　(e) RP-SR结果　(f) DTCWT-SR结果

(g) CVT-SR结果　(h) HMSD_GF结果　(i) 本节方法结果

图 5－13　"Dune"图像融合结果

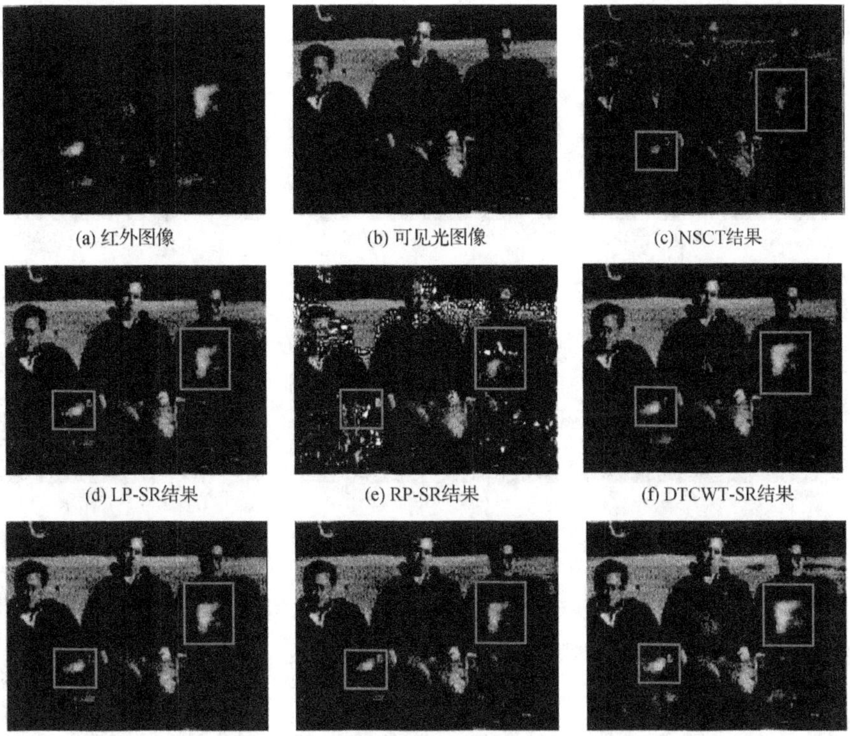

(a) 红外图像　(b) 可见光图像　(c) NSCT结果

(d) LP-SR结果　(e) RP-SR结果　(f) DTCWT-SR结果

(g) CVT-SR结果　(h) HMSD_GF结果　(i) H_G_S结果

图 5－14　“Gun”图像融合结果

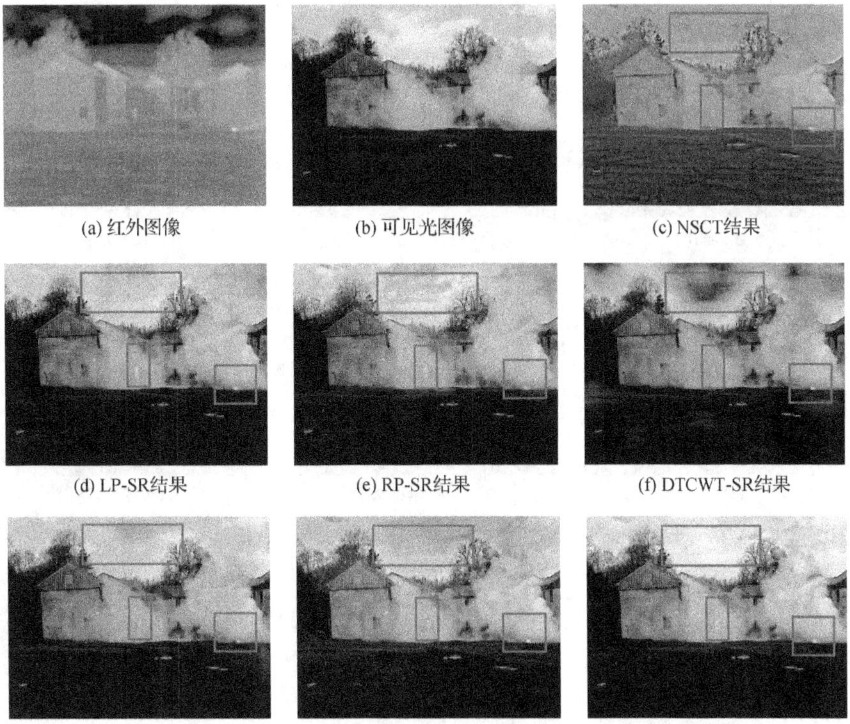

(a) 红外图像　(b) 可见光图像　(c) NSCT结果

(d) LP-SR结果　(e) RP-SR结果　(f) DTCWT-SR结果

(g) CVT-SR结果　(h) HMSD_GF结果　(i) 本节方法结果

图 5－15　“Octec”图像融合结果

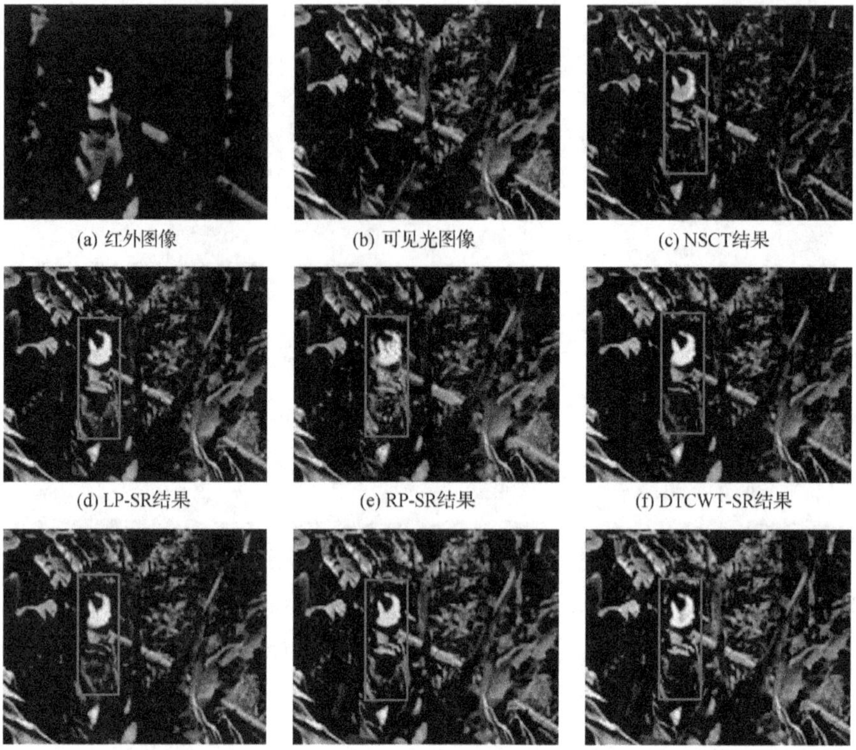

(a) 红外图像　(b) 可见光图像　(c) NSCT结果

(d) LP-SR结果　(e) RP-SR结果　(f) DTCWT-SR结果

(g) CVT-SR结果　(h) HMSD_GF结果　(i) 本节方法结果

图 5-16 “T3”图像融合结果

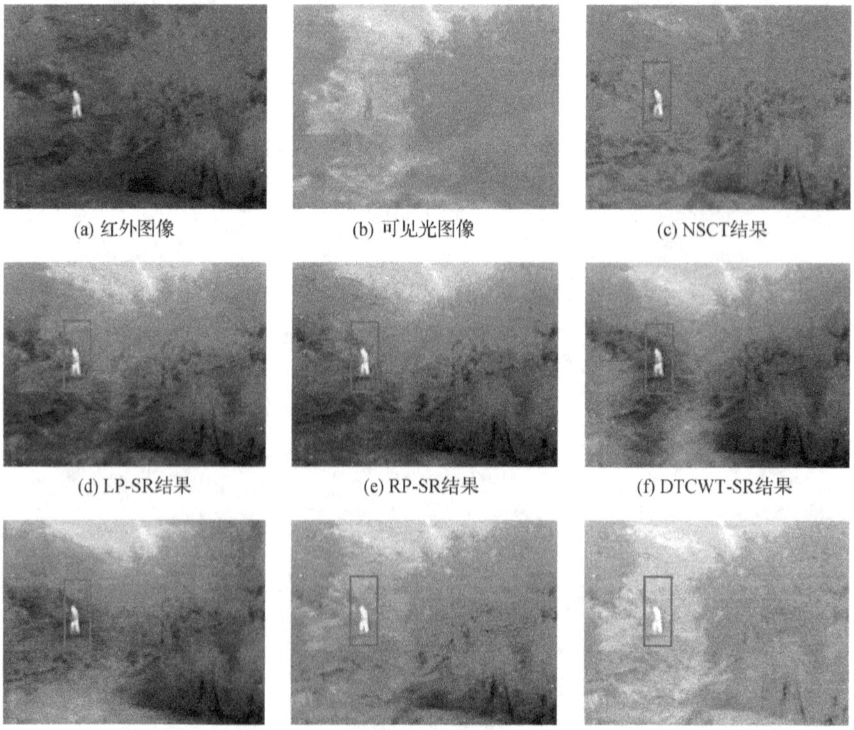

(a) 红外图像　(b) 可见光图像　(c) NSCT结果

(d) LP-SR结果　(e) RP-SR结果　(f) DTCWT-SR结果

(g) CVT-SR结果　(h) HMSD_GF 结果　(i) 本节方法结果

图 5-17 “Trees4906”图像融合结果

表 5－3—表 5－8 给出了以上 6 组实验的客观评价指标值。

表 5－3　“Camp”融合图像客观评价指标值对比

评价指标	融合方法						
	NSCT	LP-SR	RP-SR	DTCWT-SR	CVT-SR	HMSD_GF	本节方法
Q_{MI}	0.192 4	0.251 4	0.218 8	0.256 9	0.232 4	0.280 4	**0.428 4**
Q_G	0.185 3	0.499 0	0.421 3	0.431 9	0.377 3	**0.456 5**	0.451 7
Q_{NCIE}	0.803 0	0.803 8	0.803 3	0.803 8	0.803 5	0.804 4	**0.808 4**
Q_{SF}	−0.198 3	−0.072 6	**0.107 2**	−0.105 9	−0.102 4	0.059 8	0.062 6
Q_{CB}	0.469 5	0.559 0	0.542 4	0.552 1	0.522 0	0.577 3	**0.603 7**

表 5－4　“Dune”融合图像客观评价指标值对比

评价指标	融合方法						
	NSCT	LP-SR	RP-SR	DTCWT-SR	CVT-SR	HMSD_GF	本节方法
Q_{MI}	0.184 6	0.227 4	0.222 2	0.222 7	0.205 6	0.242 6	**0.333 0**
Q_G	0.194 8	0.513 7	0.471 3	0.453 9	0.395 8	**0.463 7**	0.461 5
Q_{NCIE}	0.802 6	0.803 0	0.802 9	0.802 9	0.802 8	0.803 0	**0.805 2**
Q_{SF}	−0.240 0	−0.080 7	−0.120 0	−0.136 1	−0.131 4	0.079 1	**0.079 3**
Q_{CB}	0.464 9	0.587 9	0.550 2	0.564 4	0.550 6	**0.593 7**	0.549 2

表 5－5　“Gun”融合图像客观评价指标值对比

评价指标	融合方法						
	NSCT	LP-SR	RP-SR	DTCWT-SR	CVT-SR	HMSD_GF	本节方法
Q_{MI}	0.193 4	0.387 9	0.211 6	0.391 1	0.345 7	0.356 9	**0.443 5**
Q_G	0.170 1	**0.749 8**	0.312 5	0.683 9	0.623 2	0.652 7	0.613 3
Q_{NCIE}	0.802 5	0.804 5	0.802 4	0.804 5	0.803 9	0.804 0	**0.805 3**
Q_{SF}	−0.221 7	−0.014 1	**1.905 8**	−0.021 8	0.023 7	0.038 2	0.039 5
Q_{CB}	0.205 7	0.335 0	**0.468 3**	0.300 5	0.176 4	0.445 4	0.457 1

表 5－6　“Octec”融合图像客观评价指标值对比

评价指标	融合方法						
	NSCT	LP-SR	RP-SR	DTCWT-SR	CVT-SR	HMSD_GF	本节方法
Q_{MI}	0.347 7	0.608 8	0.559 5	0.501 9	0.630 7	0.517 6	**0.744 7**
Q_G	0.171 6	**0.580 1**	0.526 2	0.551 1	0.558 2	0.530 3	0.532 1
Q_{NCIE}	0.805 6	0.814 5	0.812 0	0.810 8	0.815 2	0.810 8	**0.821 5**
Q_{SF}	−0.212 4	−0.009 9	0.051 1	−0.012 2	−0.014 7	0.083 4	**0.084 9**
Q_{CB}	0.410 3	**0.632 9**	0.603 2	0.625 9	0.620 8	0.604 3	0.626 0

表 5-7 "T3"融合图像客观评价指标值对比

评价指标	融合方法						
	NSCT	LP-SR	RP-SR	DTCWT-SR	CVT-SR	HMSD_GF	本节方法
Q_{MI}	0.175 9	0.394 8	0.298 7	0.454 5	0.361 0	0.398 4	**0.543 1**
Q_{G}	0.234 6	**0.686 3**	0.540 9	0.642 2	0.616 9	0.638 3	0.637 7
Q_{NCIE}	0.802 7	0.807 0	0.804 5	0.809 1	0.806 2	0.807 3	**0.813 1**
Q_{SF}	−0.126 2	−0.029 1	−0.112 9	−0.045 6	−0.055 2	0.102 0	**0.103 7**
Q_{CB}	0.427 7	0.676 1	0.656 9	0.618 3	0.633 0	**0.685 8**	0.674 8

表 5-8 "Trees4906"融合图像客观评价指标值对比

评价指标	融合方法						
	NSCT	LP-SR	RP-SR	DTCWT-SR	CVT-SR	HMSD_GF	本节方法
Q_{MI}	0.266 3	0.355 6	0.368 0	0.353 5	0.261 4	0.344 2	**0.413 2**
Q_{G}	0.168 2	**0.526 8**	0.496 6	0.468 2	0.417 1	0.469 6	0.464 4
Q_{NCIE}	0.803 2	0.804 6	0.804 9	0.804 5	0.803 3	0.804 4	**0.805 9**
Q_{SF}	−0.230 4	−0.048 8	0.021 5	−0.077 6	−0.084 3	**0.060 0**	0.041 2
Q_{CB}	0.462 4	0.490 2	0.475 6	0.455 6	0.451 5	0.458 4	**0.542 1**

从融合结果可以看出本节方法能很好地提取出红外图像中的重要信息，而且能较好地保留纹理细节信息；从客观评价指标来看，本节方法在大多数指标上都取得了较好的结果。

5.5 基于卷积稀疏表示的图像融合方法

基于稀疏表示的图像融合方法、字典的学习以及稀疏表示算法的执行都是基于局部图像块而不是整幅图像，这导致基于稀疏表示的图像融合方法具有以下缺点：

第一，源图像中诸如纹理和边界等细节信息容易被平滑。首先，字典的信号表示能力不足以表示细节信息，也就是说重构信号和输入信号有差异。冗余字典的表示能力很大程度上依赖于它所包含的原子的个数，但是字典较大会直接增加算法的计算量。更重要的是，研究表明，利用一个高度冗余的字典重构信号容易引起潜在的视觉效应，尤其是当输入信号被噪声干扰时。因此，选择合适大小的字典是很重要的。一个典型的例子是当输入是 64 维的信号（8×8 图像块）时，字典大小为 256。其次，使用滑动窗也容易引起平滑现象。为避免块效应，滑动窗的步长一般设置为 1。尽管如此，当相邻块大量重叠时，融合图像中的一些细节信息也会被平滑。近来，诸如引导滤波器等边界保持滤波器被提出并应用于图像融合中。引导滤波器是一种基于局部线性模型的滤波器，它具有良好的保边平滑和结构传递特性，因此被广泛应用于图像去噪、细节增强、图像去雾和图像抠图等图像处理领域。

第二，当源图像是通过不同的成像模式获取时，最大 l_1 -范数准则容易导致融合图像的空间不连续性。对于多源图像融合来说，同一区域在一幅图像中可能很亮而在另一幅图像中则可能很暗，但是该区域在两幅图像中可能都很平坦，并且包含很少的细节信息。尽管同一区域在两幅源图像中视觉上是平坦的，但是它们的方差仍然有差异，并且这种差异在该区域的所有图像块中是一致的。也就是说，在源图像 **A** 中，该区域的一个图像块比源图像 **B** 中对应的图像块具有较大的方差，那么在源图像 **A** 中该区域的大多数图像块都比源图像 **B** 中相应的图像块的方差大。由于这种差异是极小的，在空间域中，一个小的像素值的变化可能影响几个图像块的融合结果，因此最大 l_1 -范数准则将会对随机噪声非常敏感。该区域的融合图像块可能来自不同的源图像，这将导致融合图像的空间不连续性。又由于基于稀疏表示的图像融合方法是在空间域中处理图像块，因此高频噪声的影响也是很大的。

第三，计算效率低。由于滑动窗的步长要设置得尽可能小，因此算法要处理大量的图像块。举个例子，当图像块大小为 8×8、滑动窗步长为 1 时，大小为 256×256 的源图像要处理62 001个图像块。这种情况下，通常融合两幅源图像需要几分钟的时间。

5.5.1 卷积稀疏表示

卷积稀疏表示是稀疏表示的卷积形式，即采用滤波器字典与特征响应的卷积总和取代冗余字典与稀疏系数的乘积，从而将图像以“整体”为单位进行稀疏编码。卷积稀疏表示模型可以表示为：

$$\underset{\{\boldsymbol{x}_m\}}{\operatorname{argmin}} \frac{1}{2} \left\| \sum_m \boldsymbol{d}_m * \boldsymbol{x}_m - \boldsymbol{s} \right\|_2^2 + \lambda \sum_m \| \boldsymbol{x}_m \|_1 \tag{5-10}$$

其中，$\boldsymbol{d}_m, m \in \{1,\cdots,M\}$是一个滤波器组，也称为卷积字典；* 表示卷积；$\boldsymbol{x}_m$ 是稀疏表示系数矩阵；$\boldsymbol{s}$ 是源图像。

交替方向乘子算法(Alternating Direction Method of Multipliers，ADMM)是对偶凸优化算法，可以通过交替地求解若干子问题，从而解决可分结构的凸规划问题。文献[11]考虑到ADMM 算法可以很好地求解基追踪降噪(Basis Pursuit DeNoising，BPDN)问题，提出了一种傅里叶域 ADMM 算法来解决卷积稀疏模型的求解问题。

5.5.2 卷积字典构建

采取学习的方法构建卷积字典，学习模型如公式(5－11)所示：

$$\underset{\{\boldsymbol{d}_m\},\{\boldsymbol{x}_{k,m}\}}{\operatorname{argmin}} \frac{1}{2} \sum_k \left\| \sum_m \boldsymbol{d}_m * \boldsymbol{x}_{k,m} - \boldsymbol{s}_k \right\|_2^2 + \lambda \sum_k \sum_m \| \boldsymbol{x}_{k,m} \|_1$$
$$s.t. \ \| \boldsymbol{d}_m \|_2 = 1, \forall m \tag{5-11}$$

其中，$\boldsymbol{s}_k, k \in \{1,\cdots,K\}$是一组训练样本图像；$\boldsymbol{d}_m, m \in \{1,\cdots,M\}$ 是一个滤波器组，也称为卷积字典；$\boldsymbol{x}_{k,m}$ 是稀疏表示系数矩阵；约束项的目的是避免滤波器和稀疏表示之间的尺度随意性。

求解该问题的标准方法是根据系数和字典交替最小化。对 $\boldsymbol{d}_m$ 范数的限制通常看作更新之后的后处理标准化步骤，可以忽略该限制条件，此时关于 $\{\boldsymbol{d}_m\}$ 的最小化问题可表示为：

$$\underset{\{d_m\}}{\operatorname{argmin}} \frac{1}{2}\sum_k \left\| \sum_m \boldsymbol{d}_m * \boldsymbol{x}_{k,m} - \boldsymbol{s}_k \right\|_2^2 \tag{5-12}$$

这是优化方向算法(Methods of Optimal Directions，MOD)的卷积形式。在DFT域内计算卷积 $\boldsymbol{d}_m * \boldsymbol{x}_{k,m}$ 时，有一个隐含的对滤波器 $\boldsymbol{d}_m$ 补零的操作，以使 $\boldsymbol{d}_m$ 和 $\boldsymbol{x}_{k,m}$ 大小一致。定义 P 为补零运算符，公式(5-12)在DFT域内可写为：

$$\underset{\{d_m\}}{\operatorname{argmin}} \frac{1}{2}\sum_k \left\| \sum_m (\widehat{\boldsymbol{P}\boldsymbol{d}}_m) \odot \hat{\boldsymbol{x}}_{k,m} - \hat{\boldsymbol{s}}_k \right\|_2^2 \tag{5-13}$$

最终的滤波器组可以通过求解如下问题得到，形如 $\boldsymbol{P}^{\mathrm{T}}\boldsymbol{d}_m$ ：

$$\underset{\{d_m\}}{\operatorname{argmin}} \frac{1}{2}\sum_k \left\| \sum_m \boldsymbol{d}_m * \boldsymbol{x}_{k,m} - \boldsymbol{s}_k \right\|_2^2 \quad s.t.\ \boldsymbol{d}_m \in C_P, \forall m \tag{5-14}$$

$$C_P = \{\boldsymbol{x} \in \mathbb{R}^N : (I - \boldsymbol{P}\boldsymbol{P}^{\mathrm{T}})\boldsymbol{x} = 0\} \tag{5-15}$$

将限制条件 $\|\boldsymbol{d}_m\|_2 = 1$ 包含在内，约束项可写为：

$$\boldsymbol{C}_{PN} = \{\boldsymbol{x} \in \mathbb{R}^N : (I - \boldsymbol{P}\boldsymbol{P}^{\mathrm{T}})\boldsymbol{x} = 0, \|\boldsymbol{x}\|_2 = 1\} \tag{5-16}$$

定义集合的指示函数 S 如下：

$$\iota_S(X) = \begin{cases} 0, X \in S \\ \infty, X \notin S \end{cases} \tag{5-17}$$

引入 $\iota_{C_{PN}}$ ，上述优化问题可写成如下形式：

$$\underset{\{d_m\}}{\operatorname{argmin}} \frac{1}{2}\sum_k \left\| \sum_m \boldsymbol{d}_m * \boldsymbol{x}_{k,m} - \boldsymbol{s}_k \right\|_2^2 + \sum_m \iota_{C_{PN}}(\boldsymbol{d}_m) \tag{5-18}$$

引入辅助变量 $\boldsymbol{g}_m$ ，公式(5-18)可重写为：

$$\begin{aligned} &\underset{\{d_m\}}{\operatorname{argmin}} \frac{1}{2}\sum_k \left\| \sum_m \boldsymbol{d}_m * \boldsymbol{x}_{k,m} - \boldsymbol{s}_k \right\|_2^2 + \sum_m \iota_{C_{PN}}(\boldsymbol{g}_m) \\ &s.t.\ \boldsymbol{d}_m - \boldsymbol{g}_m = 0, \quad \forall m \end{aligned} \tag{5-19}$$

该优化问题可通过交替方向乘子算法求解：

$$\{\boldsymbol{d}_m\}^{j+1} = \underset{\{d_m\}}{\operatorname{argmin}} \frac{1}{2}\sum_k \left\| \sum_m \boldsymbol{d}_m * \boldsymbol{x}_{k,m} - \boldsymbol{s}_k \right\|_2^2 + \frac{\sigma}{2}\sum_k \left\| \sum_m \boldsymbol{d}_m - \boldsymbol{g}_m^{(j)} + \boldsymbol{h}_m^{(j)} \right\|_2^2 \tag{5-20}$$

$$\{\boldsymbol{g}_m\}^{j+1} = \underset{\{g_m\}}{\operatorname{argmin}} \sum_m \iota_{C_{PN}}(\boldsymbol{g}_m) + \frac{\sigma}{2}\sum_k \left\| \sum_m \boldsymbol{d}_m^{(j+1)} - \boldsymbol{g}_m + \boldsymbol{h}_m^{(j)} \right\|_2^2 \tag{5-21}$$

$$\boldsymbol{h}_m^{(j+1)} = \boldsymbol{h}_m^{(j)} + \boldsymbol{d}_m^{(j+1)} - \boldsymbol{g}_m^{(j+1)} \tag{5-22}$$

$\{\boldsymbol{g}_m\}$ 通过如下形式更新：

$$\underset{x}{\operatorname{argmin}} \frac{1}{2} \|\boldsymbol{x} - \boldsymbol{y}\|_2^2 + \iota_{C_{PN}}(\boldsymbol{x}) = prox_{\iota_{C_{PN}}}(\boldsymbol{y}) \tag{5-23}$$

$$prox_{\iota_{C_{PN}}}(\boldsymbol{y}) = \frac{\boldsymbol{P}\boldsymbol{P}^{\mathrm{T}}\boldsymbol{y}}{\|\boldsymbol{P}\boldsymbol{P}^{\mathrm{T}}\boldsymbol{y}\|_2} \tag{5-24}$$

$\{\boldsymbol{d}_m\}$ 通过如下形式更新：

$$\underset{\{\boldsymbol{d}_m\}}{\operatorname{argmin}} \frac{1}{2}\sum_k \left\| \sum_m \boldsymbol{d}_m * \boldsymbol{x}_{k,m} - \boldsymbol{s}_k \right\|_2^2 + \frac{\sigma}{2}\sum_m \left\| \boldsymbol{d}_m - \boldsymbol{z}_m \right\|_2^2 \tag{5-25}$$

在 DFT 域内 $\hat{\boldsymbol{X}}_{k,m} = \operatorname{diag}(\hat{\boldsymbol{x}}_{k,m})$，上述优化问题转化为：

$$\underset{\{\boldsymbol{d}_m\}}{\operatorname{argmin}} \frac{1}{2}\sum_k \left\| \sum_m \hat{\boldsymbol{X}}_{k,m} * \boldsymbol{d}_m - \hat{\boldsymbol{s}}_k \right\|_2^2 + \frac{\sigma}{2}\sum_m \left\| \hat{\boldsymbol{d}}_m - \hat{\boldsymbol{z}}_m \right\|_2^2 \tag{5-26}$$

其中，$\hat{\boldsymbol{X}}_k = (\hat{\boldsymbol{X}}_{k,0}, \hat{\boldsymbol{X}}_{k,1}, \cdots)$，$\hat{\boldsymbol{d}} = \begin{pmatrix} \hat{\boldsymbol{d}}_0 \\ \hat{\boldsymbol{d}}_1 \\ \vdots \end{pmatrix}$，$\hat{\boldsymbol{z}} = \begin{pmatrix} \hat{\boldsymbol{z}}_0 \\ \hat{\boldsymbol{z}}_1 \\ \vdots \end{pmatrix}$。公式(5-26)可进一步写成如下形式：

$$\underset{\hat{\boldsymbol{d}}}{\operatorname{argmin}} \frac{1}{2}\sum_k \left\| \sum_m \hat{\boldsymbol{X}}_k * \hat{\boldsymbol{d}} - \hat{\boldsymbol{s}} \right\|_2^2 + \frac{\sigma}{2}\sum_m \left\| \hat{\boldsymbol{d}} - \hat{\boldsymbol{z}} \right\|_2^2 \tag{5-27}$$

其解为：

$$\left(\sum_k \hat{\boldsymbol{X}}_k^H \hat{\boldsymbol{X}}_k + \sigma \boldsymbol{I}\right)\hat{\boldsymbol{d}} = \sum_k \hat{\boldsymbol{X}}_k^H \hat{\boldsymbol{s}}_k + \sigma \hat{\boldsymbol{z}} \tag{5-28}$$

为保证学习字典所用数据具有代表性，选取 100 张图片作为学习样本，包括已配准的 76 张红外与可见光图像对和 24 张纹理清晰的高清照片，图 5-18 给出了部分训练样本图像。

图 5-18　学习字典所用样本图

利用 MATLAB 编程实现上述算法，得到卷积字典如图 5-19 所示。

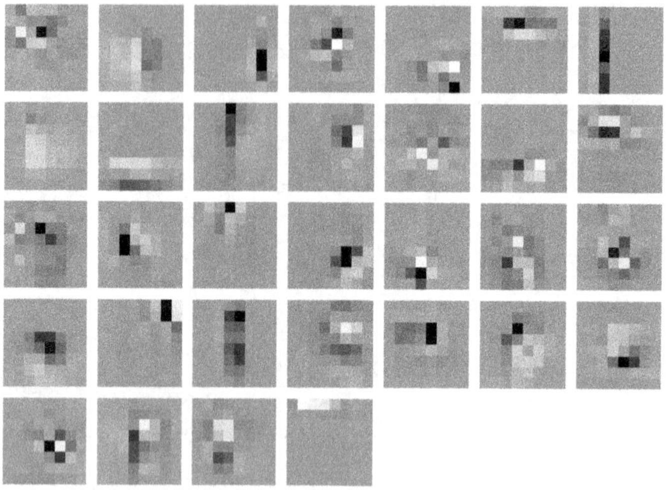

(a) D-32

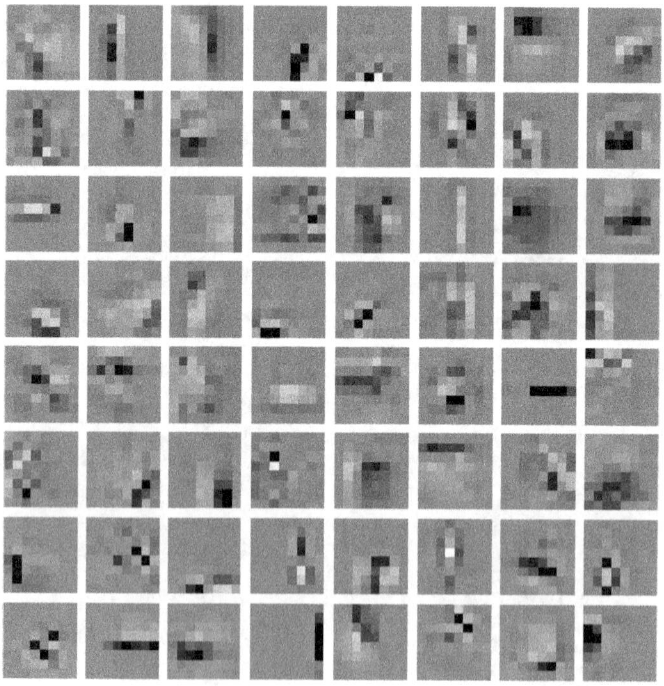

(b) D-64

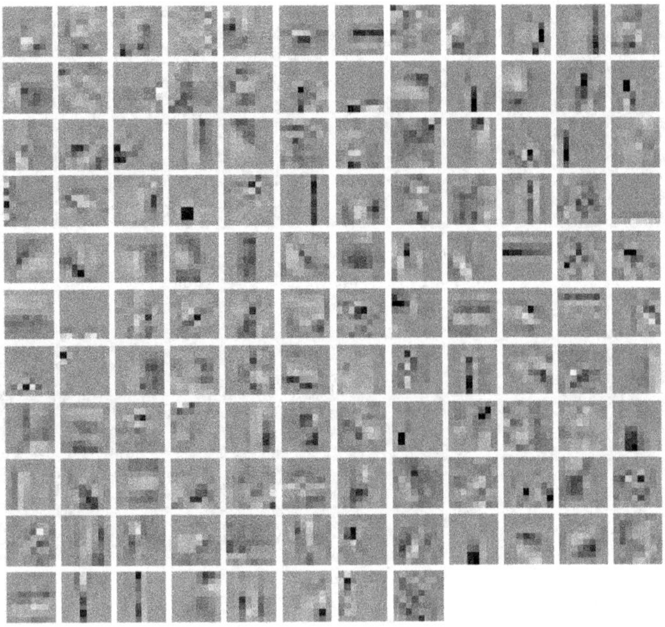

(c) D-128

图 5 - 19　卷积字典

5.5.3　基于图像两尺度分解及卷积稀疏表示的图像融合方法

1）图像两尺度分解方法

目前有关图像的分解方法基本都是多尺度分解方法，即将图像分解为低频分量和一系列高频分量。这类方法能有效地将图像进行多尺度分解并能有效捕捉图像的细节信息。但是针对具体图像的分解方法选择和分解层数确定较为困难。所以本节提出将图像进行两尺度分解，即将图像分解为基本层和细节层，目前大多数的双尺度分解是基于高斯滤波器或平均滤波器的方法以得到图像的基本层，但在利用这类方法进行图像融合时图像的边缘和细节信息丢失严重，融合效果差。为此，建立新的图像两尺度分解方法，在该框架下，每一幅源图像 $\boldsymbol{I}_k$ 被分解为基本层 $\boldsymbol{I}_k^b$ 和细节层 $\boldsymbol{I}_k^d$。图像基本层通过求解如下优化问题得到：

$$\underset{\boldsymbol{I}_k^b}{\operatorname{argmin}} \|\boldsymbol{I}_k - \boldsymbol{I}_k^b\|_F^2 + \eta(\|\boldsymbol{g}_x * \boldsymbol{I}_k^b\|_F^2 + \|\boldsymbol{g}_y * \boldsymbol{I}_k^b\|_F^2) \tag{5-29}$$

其中，$\boldsymbol{g}_x=[-1\quad 1]$和 $\boldsymbol{g}_y=[-1\quad 1]^{\mathrm{T}}$ 分别表示水平和垂直方向梯度算子，η 表示正则参数。得到 $\boldsymbol{I}_k^b$ 后，通过公式(5 - 30)可以得到图像细节层 $\boldsymbol{I}_k^d$：

$$\boldsymbol{I}_k^d = \boldsymbol{I}_k - \boldsymbol{I}_k^b \tag{5-30}$$

通过求解一个优化问题来得到图像的基本层，使得图像的基本层能更好地表示图像的基本轮廓，同时可通过规则项来控制图像的边缘信息。具体分解结果如图 5 - 20 和图 5 - 21 所示。

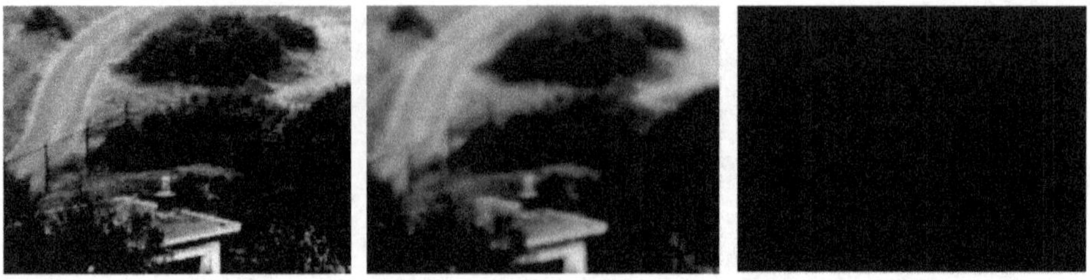

图 5-20　可见光图像两尺度分解效果图

图 5-21　红外图像两尺度分解效果图

2）图像基本层的卷积稀疏表示

对于源图像的基本层 $\boldsymbol{I}_k^b$，通过求解如下卷积稀疏表示模型，得到其稀疏表示系数矩阵：

$$\underset{\{\boldsymbol{x}_m\}}{\arg\min}\frac{1}{2}\left\|\sum_m \boldsymbol{d}_m * \boldsymbol{x}_m - \boldsymbol{s}\right\|_2^2 + \lambda\sum_m \|\boldsymbol{x}_m\|_1 \tag{5-31}$$

通过引入辅助变量，公式(5-31)可改写为如下形式：

$$\underset{\{\boldsymbol{x}_m\}}{\arg\min}\frac{1}{2}\left\|\sum_m \boldsymbol{d}_m * \boldsymbol{x}_m - \boldsymbol{s}\right\|_2^2 + \lambda\sum_m \|\boldsymbol{y}_m\|_1$$

$$s.t.\ \boldsymbol{x}_m - \boldsymbol{y}_m = \boldsymbol{0} \tag{5-32}$$

因此，该优化问题可通过 ADMM 算法迭代求解：

$$\{\boldsymbol{x}_m\}^{j+1} = \underset{\{\boldsymbol{x}_m\}}{\arg\min}\frac{1}{2}\left\|\sum_m \boldsymbol{d}_m * \boldsymbol{x}_m - \boldsymbol{s}\right\|_2^2 + \frac{\rho}{2}\sum_m \left\|\boldsymbol{x}_m - \boldsymbol{y}_m^{(j)} + \boldsymbol{u}_m^{(j)}\right\|_2^2 \tag{5-33}$$

$$\{\boldsymbol{y}_m\}^{j+1} = \underset{\{\boldsymbol{g}_m\}}{\arg\min}\lambda\sum_m \|\boldsymbol{y}_m\|_1 + \frac{\rho}{2}\sum_m \left\|\boldsymbol{x}_m^{(j+1)} - \boldsymbol{y}_m + \boldsymbol{u}_m^{(j)}\right\|_2^2 \tag{5-34}$$

$$\boldsymbol{u}_m^{(j+1)} = \boldsymbol{u}_m^{(j)} + \boldsymbol{x}_m^{(j+1)} - \boldsymbol{y}_m^{(j+1)} \tag{5-35}$$

3）图像基本层融合

用 $x_{k,1:M}(x,y)$ 表示在位置 (x,y) 处的值，将 $x_{k,1:M}(x,y)$ 的 l_1-范数作为源图像的显著性水平测度，因此通过如下公式可以得到显著性水平映射图 $\boldsymbol{A}_k$：

$$A_k(x,y) = \|x_{k,1:M}(x,y)\|_1 \tag{5-36}$$

为了使算法对误配准有较强的鲁棒性，对 $A_k(x,y)$ 进行加窗平均处理，以得到最终的显著性水平映射图：

$$\bar{A}_k(x,y)=\frac{\sum_{p=-r}^{r}\sum_{q=-r}^{r}A_k(x+p,y+q)}{(2r+1)^2} \tag{5-37}$$

采用 choose-max 策略得到融合系数矩阵：

$$x_{f,1:M}(x,y)=x_{k^*,1:M}(x,y),\quad k^*=\underset{k}{\mathrm{argmin}}(\bar{A}_k(x,y)) \tag{5-38}$$

最终，重构融合图像的基本层为：

$$I_f^b=\sum_{m=1}^{M}\boldsymbol{d}_m * \boldsymbol{x}_{f,m} \tag{5-39}$$

4）图像细节层融合

对图像细节层的融合采用加权平均的方法，因此关键是获得图像细节层相应的加权系数矩阵。首先对待融合图像进行显著性水平测度测量，可以得到相应的显著性水平测度矩阵 $\boldsymbol{S}_1$ 和 $\boldsymbol{S}_2$；然后进一步利用如下公式计算得到相应的加权系数矩阵 $\boldsymbol{P}_1$ 和 $\boldsymbol{P}_2$：

$$\boldsymbol{P}_1=\begin{cases}1,\boldsymbol{S}_1>\boldsymbol{S}_2\\0,\boldsymbol{S}_1<\boldsymbol{S}_2\end{cases} \tag{5-40}$$

$$\boldsymbol{P}_2=\begin{cases}1,\boldsymbol{S}_1<\boldsymbol{S}_2\\0,\boldsymbol{S}_1>\boldsymbol{S}_2\end{cases} \tag{5-41}$$

通过这种方法得到的加权系数矩阵经常会受到噪声干扰，并且和图像的目标边界不一致，容易在融合图像中引起人工效应。这里以源图像为引导图像对加权系数矩阵进行引导滤波以得到改进的加权系数矩阵。

用 $G_{r,\varepsilon}$ 表示引导滤波器。$\boldsymbol{W}_1$、$\boldsymbol{W}_2$ 表示最终的图像细节层加权系数矩阵，可通过如下公式求得：

$$\boldsymbol{W}_1=G_{r_1,\varepsilon_1}(\boldsymbol{P}_1,I_1) \tag{5-42}$$

$$\boldsymbol{W}_2=G_{r_2,\varepsilon_2}(\boldsymbol{P}_2,I_2) \tag{5-43}$$

因此图像细节层的融合结果为（以两幅源图像融合为例）：

$$\boldsymbol{I}_f^d=\boldsymbol{W}_1\times\boldsymbol{I}_1^d+\boldsymbol{W}_2\times\boldsymbol{I}_2^d \tag{5-44}$$

将图像基本层和细节层的融合结果进行求和，可得到最终的融合图像为：

$$\boldsymbol{I}_f=\boldsymbol{I}_f^b+\boldsymbol{I}_f^d \tag{5-45}$$

5.5.4 实验结果与分析

实验中，使用 5 对红外与可见光图像作为测试图像。选取 5 个客观评价指标，即归一化互信息（Q_{MI}）、非线性相关信息熵（Q_{NICE}）、基于梯度的图像融合度量（Q_G）、基于多尺度方案的图像融合度量（Q_M）和基于相位一致性的图像融合度量（Q_P），用于评估融合性能。同时将该融合方法与 DTCWT、GFF、HMSD、NSCT、SR 方法进行比较，图 5-22—图 5-26 给出了 5 组实验结果图。

(a) DTCWT结果　(b) GFF结果　(c) HMSD结果

(d) NSCT结果　(e) SR结果　(f) CSR结果

图 5－22　“Camp1”图像融合结果

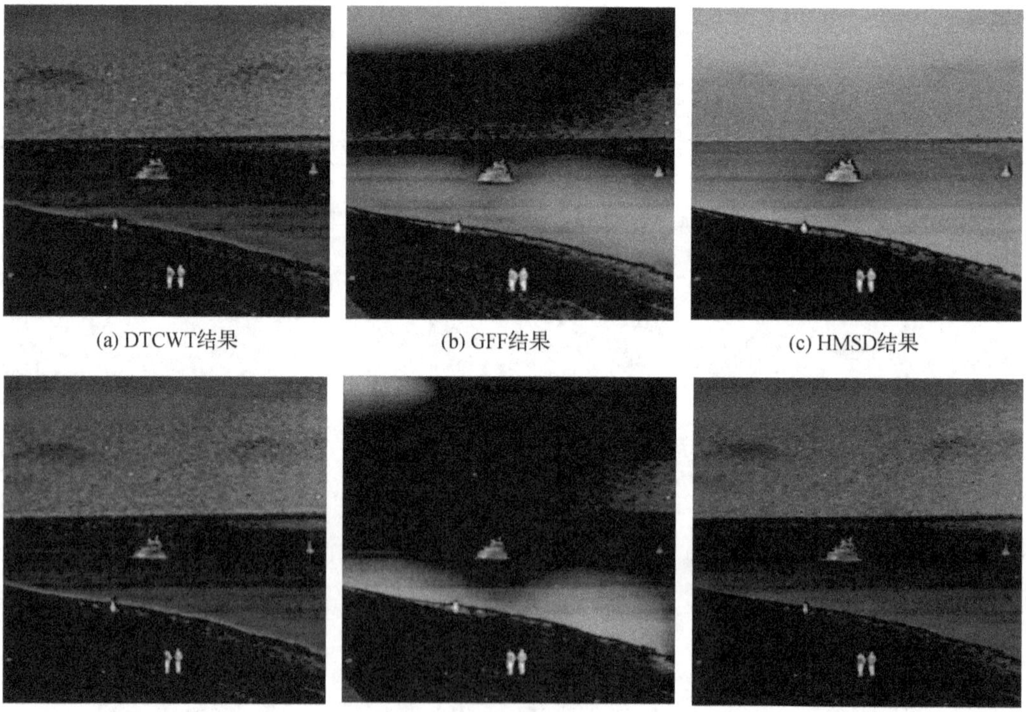

(a) DTCWT结果　(b) GFF结果　(c) HMSD结果

(d) NSCT结果　(e) SR结果　(f) CSR结果

图 5－23　“Kayak”图像融合结果

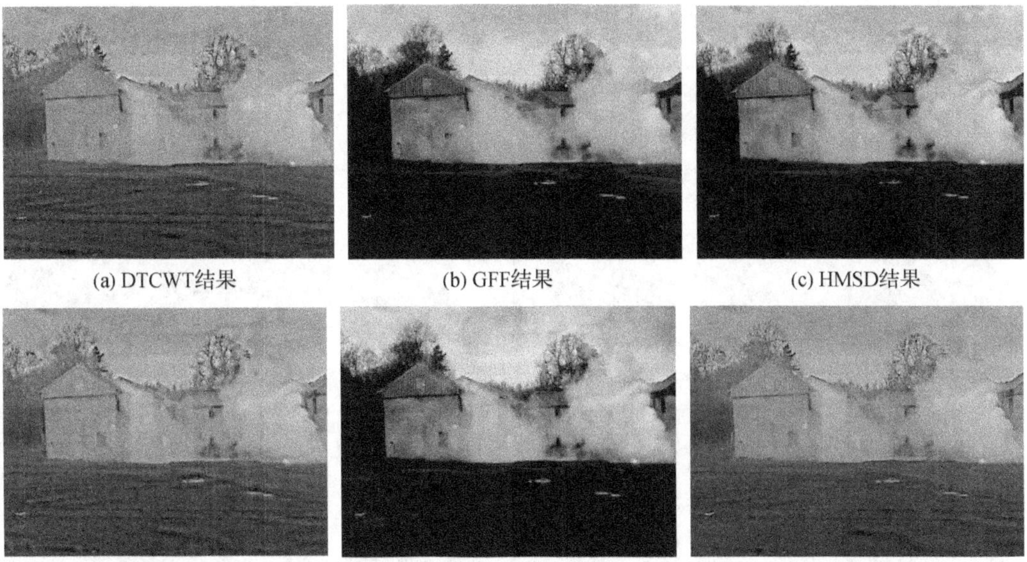

(a) DTCWT结果　(b) GFF结果　(c) HMSD结果

(d) NSCT结果　(e) SR结果　(f) CSR结果

图 5 - 24　"Octec"图像融合结果

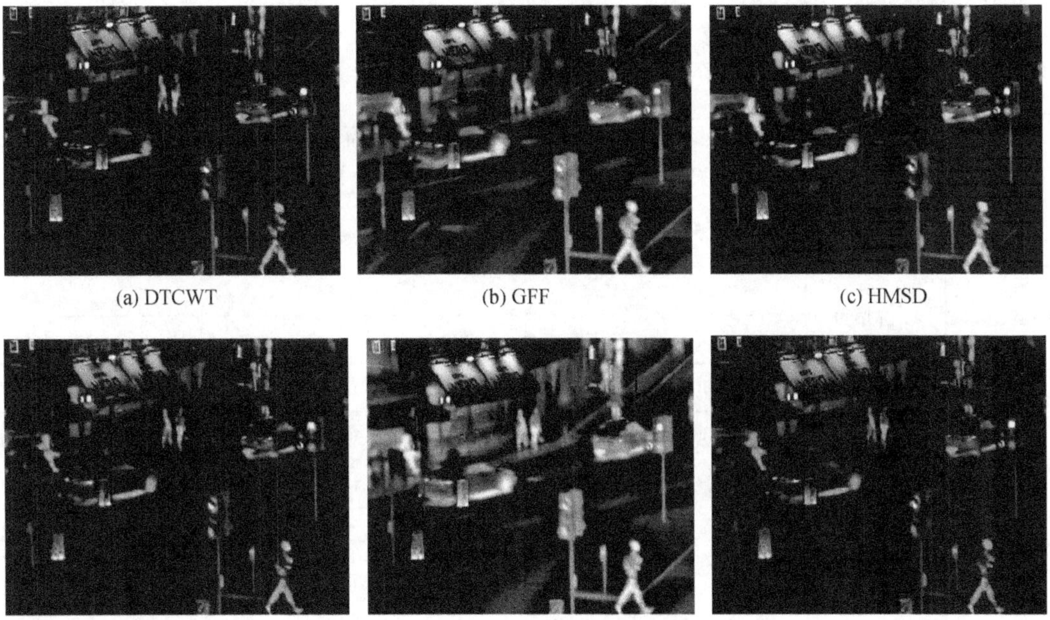

(a) DTCWT　(b) GFF　(c) HMSD

(d) NSCT　(e) SR　(f) CSR

图 5 - 25　"Road"图像融合结果

表 5 - 9 给出了不同融合方法的客观评估结果。计算所有测试实例的平均分数，并且以粗体显示的每行的最高值表示不同方法中的最佳分数，以下划线显示的每行的次高值表示不同方法中的次佳分数。可以看出，用于针对每个度量的 6 种类型的融合任务，本节所提出的基于 CSR 的方法相对于基于 SR 的方法具有相当大的优势。

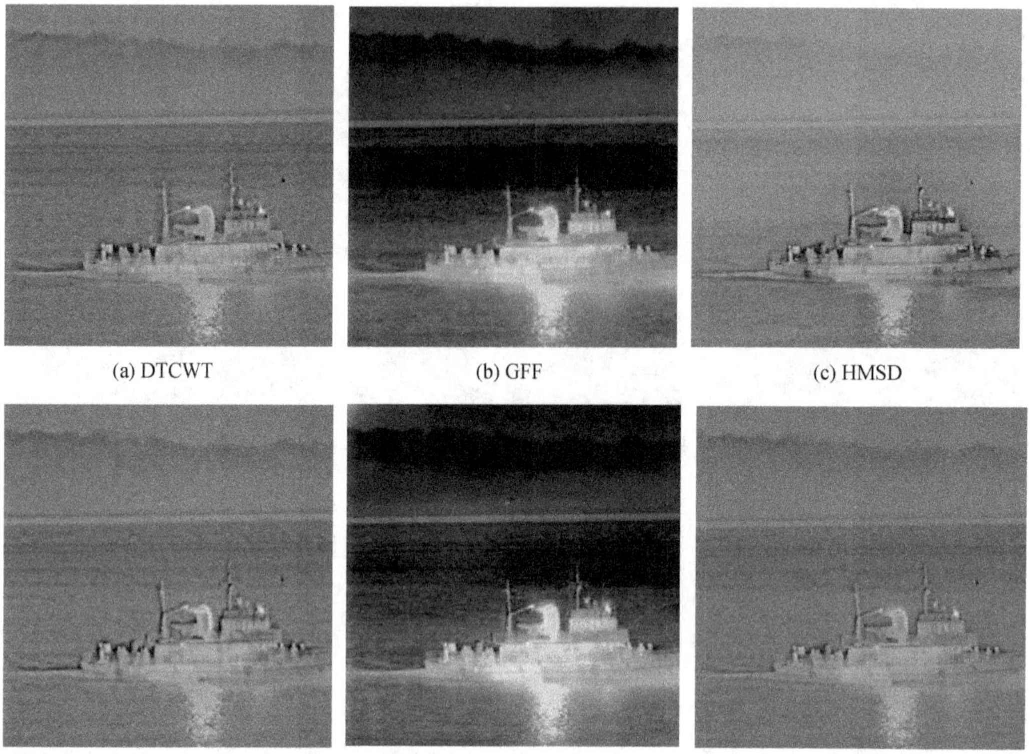

(a) DTCWT (b) GFF (c) HMSD

(d) NSCT (e) SR (f) CSR

图 5-26 "Steamboat"图像融合结果

表 5-9 不同融合方法的客观评价指标值

实验图像	评价指标	融合方法					
		DTCWT	GFF	HMSD	NSCT	SR	CSR
Camp1	Q_{MI}	0.218 00	0.189 07	0.160 90	0.193 82	0.220 38	**0.232 82**
	Q_{NCIE}	0.803 30	0.804 55	**0.806 60**	0.803 04	0.803 38	0.803 42
	Q_G	0.440 10	0.521 99	0.479 00	0.210 08	**0.623 39**	0.424 26
	Q_M	0.633 00	0.666 55	0.551 20	0.373 45	0.736 18	**0.805 68**
	Q_P	0.293 30	0.314 15	0.301 50	0.031 09	0.283 56	**0.329 36**
Kayak	Q_{MI}	0.462 00	0.425 42	0.229 70	0.386 06	0.587 82	**0.615 27**
	Q_{NCIE}	0.805 80	0.806 02	0.803 30	0.805 00	0.807 32	**0.808 28**
	Q_G	**0.684 90**	0.603 70	0.549 30	0.183 33	0.483 28	0.529 88
	Q_M	0.580 60	**1.983 86**	0.636 20	0.483 76	0.897 78	0.987 07
	Q_P	0.411 64	0.490 49	0.382 60	0.013 50	0.443 56	**0.495 23**

（续表）

实验图像	评价指标	融合方法					
		DTCWT	GFF	HMSD	NSCT	SR	CSR
Octec	Q_{MI}	0.412 80	**0.644 98**	0.452 80	0.347 87	0.447 18	0.456 73
	Q_{NCIE}	0.806 90	0.815 94	0.812 10	0.805 55	**0.829 18**	0.827 55
	Q_G	0.525 03	**0.609 07**	0.529 30	0.171 40	0.503 85	0.437 39
	Q_M	0.481 90	0.306 05	0.338 08	0.204 04	0.449 85	**0.713 44**
	Q_P	0.328 70	0.226 99	0.340 78	0.015 45	0.183 69	**0.333 60**
Road	Q_{MI}	0.277 10	0.295 98	0.247 60	0.246 10	0.307 35	**0.368 25**
	Q_{NCIE}	0.803 80	0.804 50	0.803 30	0.803 41	0.801 28	**0.805 38**
	Q_G	0.499 20	**0.650 75**	0.505 20	0.205 39	0.555 20	0.446 66
	Q_M	0.910 30	**1.282 63**	0.868 70	0.231 49	0.883 91	1.279 19
	Q_P	0.339 10	0.480 94	0.368 00	0.032 62	0.211 48	**0.494 39**
Steamboat	Q_{MI}	0.272 00	**0.733 01**	0.303 54	0.227 25	0.309 83	0.312 78
	Q_{NCIE}	0.804 50	0.815 99	0.805 00	0.804 04	0.824 04	**0.824 83**
	Q_G	0.545 90	**0.646 45**	0.468 30	0.185 21	0.518 83	0.408 44
	Q_M	0.253 50	0.778 07	0.854 70	0.378 41	0.873 69	**0.882 99**
	Q_P	0.259 03	0.251 72	0.170 80	0.018 61	0.201 56	**0.289 01**

[参考文献]

[1] 余南南. 基于稀疏表示的图像融合与去噪算法研究[D]. 大连：大连理工大学，2012.

[2] 宋凯文. 滑动窗快速算法研究[D]. 南京：东南大学，2017.

[3] 欧阳宁，郑雪英，袁华. 基于 NSCT 和稀疏表示的多聚焦图像融合[J]. 计算机工程与设计，2017，38(1)：177-182.

[4] Aharon M，Elad M，Bruckstein A. K-SVD：An algorithm for designing overcomplete dictionaries for sparse representation[J]. IEEE Transactions on Signal Processing，2006，54(11)：4311-4322.

[5] Hossny M，Nahavandi S，Creighton D. Comments on'Information measure for performance of image fusion'[J]. Electronics Letters，2008，44(18)：1066-1067.

[6] Stathaki T. Image fusion：Algorithms and applications[M]. Amsterdam：Elsevier/Academic Press，2008.

[7] Xydeas C S，Petrović V. Objective image fusion performance measure[J]. Electronics Letters，2000，36(4)：308-309.

[8] Zheng Y F，Essock E A，Hansen B C，et al. A new metric based on extended spatial frequency and its application to DWT based fusion algorithms[J]. Information Fusion，2007，8(2)：177-192.

[9] Chen Y，Blum R S. A new automated quality assessment algorithm for image fusion[J]. Image and Vision

Computing, 2009, 27(10): 1421-1432.

[10] Liu Y, Liu S P, Wang Z F. A general framework for image fusion based on multi-scale transform and sparse representation[J]. Information Fusion, 2015, 24: 147-164.

[11] Wohlberg B. Efficient algorithms for convolutional sparse representations[J]. IEEE Transactions on Image Processing, 2016, 25(1): 301-315.

[12] Boyd S, Parikh N, Chu E, et al. Distributed optimization and statistical learning via the alternating direction method of multipliers[J]. Foundations & Trends in Machine Learning, 2010, 3(1):1-122.

[13] Chen S S, Donoho D L, Saunders M A. Atomic decomposition by basis pursuit[J]. SIAM Review, 2001, 43(1): 129-159.

[14] Engan K, Aase S O, Hakon Husoy J. Method of optimal directions for frame design[C]//Proceedings of 1999 IEEE International Conference on Acoustics, Speech, and Signal Processing. March 15-19, 1999, Phoenix, AZ, USA. IEEE, 2002: 2443-2446.

第 6 章　基于红外目标特征提取的图像融合方法

不管是哪一类融合方法，都应该考虑以下两个问题：一，如何有效地从输入源图像中提取图像信息，这是影响图像融合质量的关键因素；二，如何合理地将来自不同信息源的信息融合到最终的融合图像中。为解决上述两个问题，融合方法应该具备以下能力：能够提取不同图像的互补信息，如红外图像的热辐射信息和可见光图像的细节信息，这主要依赖于图像表示算法表示图像结构信息的分辨率；能够将来自不同源图像的互补信息准确地融合到融合图像中，这主要依赖于融合规则；融合过程不应引入任何可能分散、误导人类观察者或者任何后续图像处理任务的人工效应或不一致之处。

为此，根据上述思想，本节提出了一种新的红外与可见光图像融合方法，首先，利用高斯滤波器将源图像分解为粗略尺度信息和边缘纹理细节信息；然后，为有效地提取红外目标特征，对红外图像的边缘纹理细节信息利用多阈值分割算法 OTSU 法（大津法）做进一步分解，分解为目标区域、过渡区域和背景区域；最后，根据上述分解结果确定各分解子信息的融合权重，以有效地将红外目标特征注入可见光图像中。实验结果表明，该方法能有效地提取红外目标特征，实现在融合图像中凸显红外目标的同时尽可能多地保留可见光图像的纹理细节信息。

6.1　红外目标特征提取

6.1.1　基于高斯滤波器的图像分解方法

高斯滤波器是一种线性平滑滤波器，能够有效地抑制噪声、平滑图像，被广泛地应用于图像处理领域。以 g_σ 表示标准偏差为 σ 的高斯函数，可写为：

$$g_\sigma(x)=\frac{1}{\sqrt{2\pi}\sigma}\exp\left(-\frac{x^2}{2\sigma^2}\right) \tag{6-1}$$

则源图像 $\boldsymbol{I}$ 在某点 p 处的高斯滤波器定义如下：

$$G(\boldsymbol{I})_p=\frac{1}{W_p}\sum_{q\in\Omega}g_{\sigma_s}(\parallel p-q\parallel)\boldsymbol{I}_q \tag{6-2}$$

式中，$\boldsymbol{I}_p$ 和 $\boldsymbol{I}_q$ 为源图像 $\boldsymbol{I}$ 中坐标分别为 p 和 q 的像素点灰度值；σ_s 为对应高斯函数的标准差；Ω 为滤波子窗口；$W_p=\sum_{q\in\Omega}g_{\sigma_s}(\parallel p-q\parallel)\boldsymbol{I}_q$ 为滤波器归一化系数。高斯滤波器在滤波过程中并没有考虑邻近像素点灰度值的影响，因此会将部分边缘信息也一起滤除掉。显然，被高斯滤波器滤除的图像边缘纹理细节信息可通过如下公式计算得到：

$$D(\boldsymbol{I}) = \boldsymbol{I} - G(\boldsymbol{I}) \tag{6-3}$$

图 6-1 给出了红外图像的分解效果图。图 6-1(a)为"Camp"源红外图像，图 6-1(b)为高斯滤波后的图像，将其称为图像的粗略尺度信息。图 6-1(c)为图像的边缘纹理细节信息，其中边缘纹理细节信息表示为其绝对值形式 $|D(\boldsymbol{I}_R)|$，可以看出红外图像中的人物、房屋和树木等目标信息主要反映在边缘纹理细节信息中。仔细观察图 6-1(c)可以发现，在目标人物周边有很明显的光晕现象，这是由运算过程中目标周边大量的负值像素点所造成的。这一部信息相当于噪声，会严重影响融合图像的质量，所以必须对 $D(\boldsymbol{I}_R)$ 进行去光晕分解：

$$D(\boldsymbol{I}_R)_{\text{positive}} = \{\text{abs}[D(\boldsymbol{I}_R)] + D(\boldsymbol{I}_R)\}/2 \tag{6-4}$$

$$D(\boldsymbol{I}_R)_{\text{negative}} = D(\boldsymbol{I}_R) - D(\boldsymbol{I}_R)_{\text{positive}} \tag{6-5}$$

式中，$D(\boldsymbol{I}_R)_{\text{positive}}$ 表示去光晕分解之后的正值图像，如图 6-1(d)所示；$D(\boldsymbol{I}_R)_{\text{negative}}$ 表示目标周边的光晕图像，如图 6-1(e)所示，这里表示为其绝对值形式 $|D(\boldsymbol{I}_R)_{\text{negative}}|$；图 6-1(f)给出了 $D(\boldsymbol{I}_R)_{\text{positive}}$ 的二值化图像。

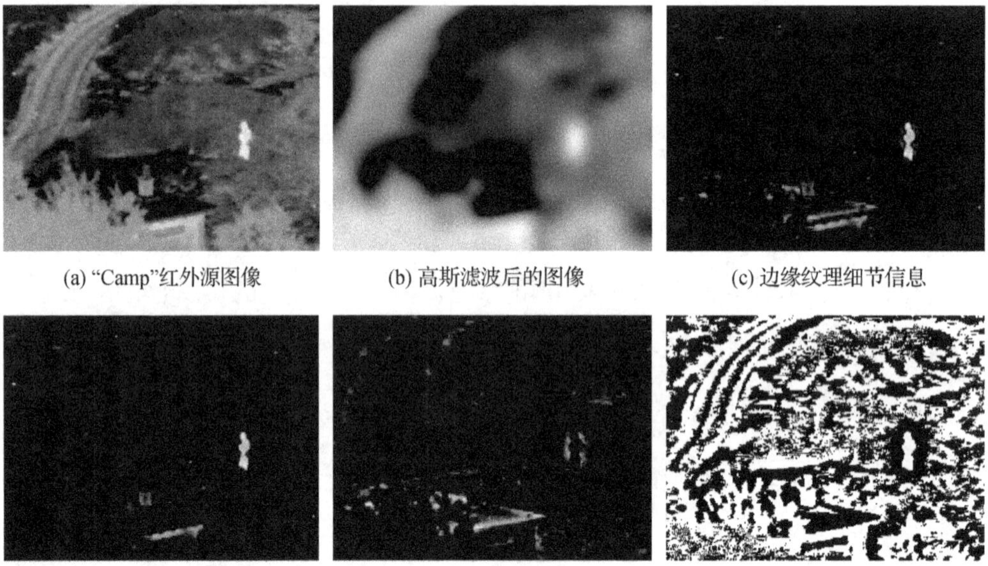

(a) "Camp"红外源图像　(b) 高斯滤波后的图像　(c) 边缘纹理细节信息

(d) 去光晕分解后的图像　(e) 光晕图像　(f) 去光晕分解后的二值化图像

图 6-1 "Camp"源红外图像分解效果图

6.1.2 红外目标特征提取

利用 OTSU 多阈值分割算法对正值图像进行分割时，为了进一步缩短计算时间，提高算法效率，可对 $D(\boldsymbol{I}_R)_{\text{positive}}$ 进行二值化处理：

$$BW = \begin{cases} 1, & D(\boldsymbol{I}_R)_{\text{positive}} > 0 \\ 0, & \text{其他} \end{cases} \tag{6-6}$$

$$BW(\boldsymbol{I}_R) = BW. * \boldsymbol{I}_R \tag{6-7}$$

可以得到其二值化图像如图6-1(f)所示。

以$BW(\boldsymbol{I}_R)$作为多阈值分割算法的输入，对其进行分割。由于$BW(\boldsymbol{I}_R)$仍含有噪声，引入高斯滤波器，对$BW(\boldsymbol{I}_R)$进行区域平滑、降噪，以提高OTSU多阈值分割算法的精度。高斯滤波器的另外一个重要作用是如果σ_s取值较小，核宽ω适当，高斯滤波器可等效为均值滤波器。那么对$BW(\boldsymbol{I}_R)$进行高斯滤波后，图像中的灰度值将发生改变。参数σ_s的值越大，$BW(\boldsymbol{I}_R)$图像整体灰度均值分布越均匀；参数σ_s的值越小，$BW(\boldsymbol{I}_R)$图像整体灰度均值的分布基本不会发生剧烈变化。本节所提算法中σ_s的取值范围为[0.1,4]，高斯核宽$\omega=5$。

为了充分发挥OTSU多阈值分割算法的优势以及高斯滤波器的两大作用，在这两者的基础上提出精准的红外图像区域分割算法，具体步骤如下：

(1) 以$BW(\boldsymbol{I}_R)$图像作为算法的输入。

(2) 引入高斯滤波器对$BW(\boldsymbol{I}_R)$图像进行滤波，其中σ_s的取值范围为[0.1,4]，高斯核宽$\omega=5$。σ_s以0.1为间隔从0.1一直取样到4，这样可以得到一组高斯滤波后的图像。

(3) 对高斯滤波后的图像$G_{\sigma_s}(BW(\boldsymbol{I}_R))$利用OTSU多阈值分割算法进行分割，分割出4类图像区域，即：目标区域$\boldsymbol{I}_R^t$、目标边缘区域$\boldsymbol{I}_R^e$、过渡区域$\boldsymbol{I}_R^g$和背景区域$\boldsymbol{I}_R^b$。

(4) 对每一幅图像的分割阈值用不同的颜色进行标记，目标区域用红色标记，目标边缘区域用绿色标记，过渡区域用黄色标记，背景区域用蓝色标记。颜色标记后可以生成伪彩色图像。

(5) 按颜色提取图像中的不同区域，提取每一幅伪彩色图像的红色目标区域$\boldsymbol{I}_R^t$，计算每一个σ_s所对应的伪色彩图像中红色区域的面积S。$\sigma_s=0.1$时，伪色彩图像中的红色区域即为目标区域$\boldsymbol{I}_R^t$；当红色区域的面积取得最大值时，对应目标区域$\boldsymbol{I}_R^t$和过渡区域$\boldsymbol{I}_R^g$相叠加，于是有以下关系：

$$\boldsymbol{I}_R^{t1} = red\_region\{G_{\sigma_{s1}}[BW(\boldsymbol{I}_R)]\} \tag{6-8}$$

$$\boldsymbol{I}_R^{tg} = red\_region\{G_{\sigma_{s2}}[BW(\boldsymbol{I}_R)]\} \tag{6-9}$$

式中，$\sigma_{s1}=0.1$，$\sigma_{s2}=\underset{\sigma_s\in[0.1,4]}{\operatorname{argmax}}(S)$。

(6) 为了尽可能保留目标区域的边缘，利用Canny边缘检测算子对$\boldsymbol{I}_R^{t1}$的二值化图像进行边缘提取，得到$\boldsymbol{I}_R^{t1}$的边缘区域$\boldsymbol{I}_R^e$，两个区域相叠加并对其进行图像形态学处理，将其中的空洞进行填充，可以得到最终的目标区域$\boldsymbol{I}_R^t$。

(7) 利用以下公式可以得到图像的过渡区域和背景区域：

$$\boldsymbol{I}_R^g = red\_region\{G_{\sigma_{s2}}[BW(\boldsymbol{I}_R)]\} - \boldsymbol{I}_R^t \tag{6-10}$$

$$\boldsymbol{I}_R^b = \boldsymbol{I}_R - \boldsymbol{I}_R^t - \boldsymbol{I}_R^g \tag{6-11}$$

如图6-2所示，图6-2(a)—(c)分别为目标区域$\boldsymbol{I}_R^t$、过渡区域$\boldsymbol{I}_R^g$、背景区域$\boldsymbol{I}_R^b$的二值化图像；图6-2(d)—(f)为伪彩色图像以及分割后的伪彩色图像，其中(d)和(e)为颜色聚类标记的伪色彩图像；图6-2(f)为从图6-2(e)中提取红色目标区域后的图像。

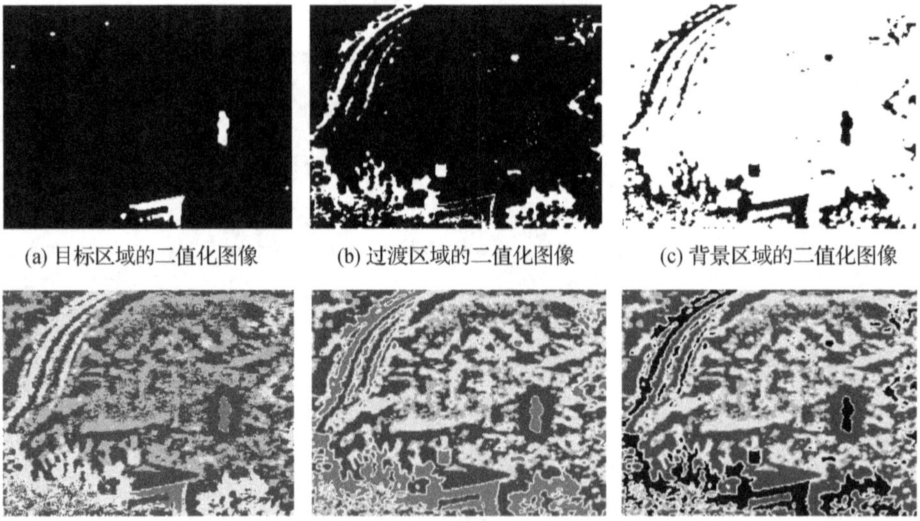

(a) 目标区域的二值化图像　(b) 过渡区域的二值化图像　(c) 背景区域的二值化图像

(d) 伪彩色图像,σ_s=0.1　(e) 伪彩色图像,σ_s=1　(f) 提取(e)中目标区域后的图像

图 6－2　红外图像分割结果

6.2　分解子信息融合

由精确的红外目标分割算法得到 $\boldsymbol{I}_R^t$、$\boldsymbol{I}_R^g$ 和 $\boldsymbol{I}_R^b$，为了最大限度地保留红外图像中的目标完整性，分别利用 $\boldsymbol{I}_R^t$ 和 $\boldsymbol{I}_R^g$ 对 $\boldsymbol{I}_R$ 和 $|D(\boldsymbol{I}_R)|$ 进行图像分割，分别得到分割后的图像区域 $Region(\boldsymbol{I}_R^t)$ 和 $Region(\boldsymbol{I}_R^g)$：

$$Region(\boldsymbol{I}_R^g) = \boldsymbol{I}_R^g .* \mid D(\boldsymbol{I}) \mid \tag{6-12}$$

$$Region(\boldsymbol{I}_R^t) = \boldsymbol{I}_R^t .* \boldsymbol{I}_R \tag{6-13}$$

为了将重要的红外信息注入可见光图像，利用改进的巴特沃斯高通滤波器对图像分割区域进行灰度值调整。

1）巴特沃斯高通滤波器

巴特沃斯高通滤波器表达式为：

$$f(x) = \frac{1}{1+\left(\dfrac{a}{x}\right)^{2N}} \tag{6-14}$$

式中，a 为通带截止频率，N 为滤波器的阶数，x 为信号的频率（频率采用归一化频率，即 $x\in[0,1]$）。对巴特沃斯高通滤波曲线进行改进，引入一个新的曲线参数 b，并对曲线的参数从图像区域灰度值调整的角度进行重新定义：定义曲线参数 a 为图像区域灰度值截止系数，参数 b 为图像区域灰度值放大系数，N 为放大曲线的陡增系数。

改进后的巴特沃斯高通滤波曲线表达式为：

$$f(x) = \frac{b}{1+\left(\dfrac{a}{x}\right)^{2N}} \tag{6-15}$$

其中，$a \in (0,1]$，$b \in (0,2]$，$N \in (0,+\infty)$。

图像区域灰度值截止系数 a 越大，注入可见光图像中的红外信息就越少；a 越小，注入可见光图像中的红外信息就越多。图像区域灰度值放大系数 b 越大，注入可见光图像中的红外目标区域越亮；b 越小，注入可见光图像中的红外目标区域越暗。为了符合人类视觉感知，一般 b 取1。N 为放大曲线的陡增系数，一般取4。

2）红外目标区域灰度值调整

分割后的图像区域 $Region(\boldsymbol{I}_R^t)$ 和 $Region(\boldsymbol{I}_R^g)$（图像灰度值已调整到[0,1]之间）。以图像区域灰度值作为 x，利用改进后的巴特沃斯高通滤波曲线对图像区域进行灰度值调整，得到调整后的目标区域 $\boldsymbol{C}_R^t$ 和调整后的过渡区域 $\boldsymbol{C}_R^g$：

$$\boldsymbol{C}_R^t = \frac{b_t}{1+\left(\frac{a_t}{x}\right)^{2N_t}} \tag{6-16}$$

$$\boldsymbol{C}_R^g = \frac{b_g}{1+\left(\frac{a_g}{x}\right)^{2N_g}} \tag{6-17}$$

其中，一般取 $a_t = \min(Region(\boldsymbol{I}_R^t))$，$a_g = 0.1$，$b_t = b_g = 1$，$N_t = 4$，$N_g = 2$。

利用改进后的巴特沃斯高通滤波曲线对区域的灰度值进行区域滤波，分别得到调整后的目标区域 $\boldsymbol{C}_R^t$ 和调整后的过渡区域 $\boldsymbol{C}_R^g$。区域滤波后的图像去除了对应的红外图像区域的图像细节模糊性质，继承了对应的区域高灰度强度的特性。

3）融合权重构建

利用 $\boldsymbol{C}_R^t$ 和 $\boldsymbol{C}_R^g$ 构造图像融合权重如下：

$$\boldsymbol{W}_0 = \boldsymbol{C}_R^t + \boldsymbol{C}_R^g \tag{6-18}$$

$$\boldsymbol{W}_1 = g_{\sigma_1} * \boldsymbol{W}_0 \tag{6-19}$$

$$\boldsymbol{W}_2 = g_{\sigma_2} * \boldsymbol{W}_0 \tag{6-20}$$

式中，$\boldsymbol{W}_1$ 和 $\boldsymbol{W}_2$ 分别表示红外图像的边缘纹理细节信息和粗略尺度信息的融合权重；高斯函数 g_{σ_1}、g_{σ_2} 用来对权重系数进行平滑处理，使其适应不同子信息的融合，其中 $\sigma_1=1$，$\sigma_2=2$。

4）图像融合

令 $\boldsymbol{D}_F$ 和 $\boldsymbol{G}_F$ 分别表示红外与可见光图像中各子信息的加权融合结果，其计算公式分别为：

$$\boldsymbol{G}_F = \boldsymbol{W}_2 \times \boldsymbol{G}(I_R) + (1-\boldsymbol{W}_2) \times \boldsymbol{G}(\boldsymbol{I}_V) \tag{6-21}$$

$$\boldsymbol{D}_F = \boldsymbol{W}_1 \times \boldsymbol{D}(I_R) + (1-\boldsymbol{W}_1) \times \boldsymbol{D}(\boldsymbol{I}_V) \tag{6-22}$$

最终的融合图像 $\boldsymbol{I}_F$ 为：

$$\boldsymbol{I}_F = \boldsymbol{D}_F + \boldsymbol{G}_F \tag{6-23}$$

6.3 实验结果与分析

1）实验设置

为了验证本节所提方法的有效性，针对常用图像集从主观评价和客观评价两个方面对本节所提方法进行验证。同时，将本节所提方法与一些有代表性的图像融合方法进行对比分析。如图 6-3 所示，本节选取 12 组常用的红外与可见光图像作为测试图像集。同时，将本节所提方法与 4 个具有代表性的图像融合方法作比较，包括基于 DTCWT 的图像融合方法、基于 NSCT 的图像融合方法、基于双边和高斯滤波混合多尺度分解的图像融合方法（本节将该方法简记为 Hybrid-MSD）以及基于红外特征提取和视觉信息保留的图像融合方法（本节将该方法简记为 Zhang's method）。

此外，在 Hybrid-MSD 方法中，通过调整正则化参数提供了该方法的两个版本：$\lambda=30$，$\lambda=3\ 000$（近似 $\lambda\to\infty$）。在本节实验中，两个版本的实验方法都被用来进行对比分析，为了表述方便，两个版本的实验方法分别简记为 Hybrid-MSD-v1 和 Hybrid-MSD-v2。

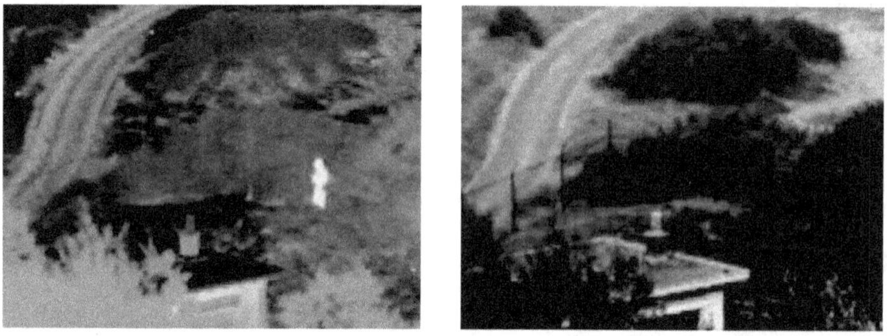

(a) Camp

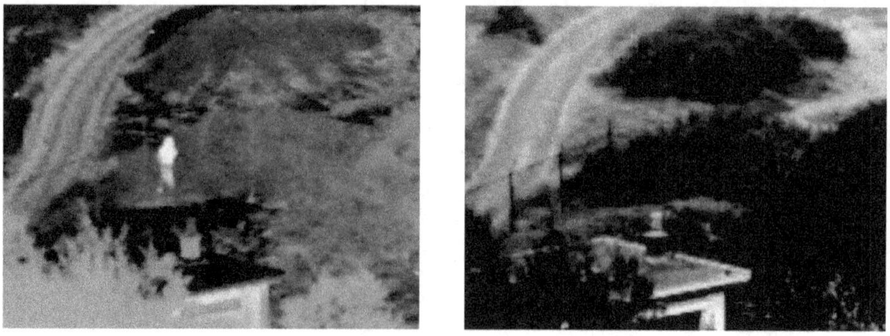

(b) Camp1

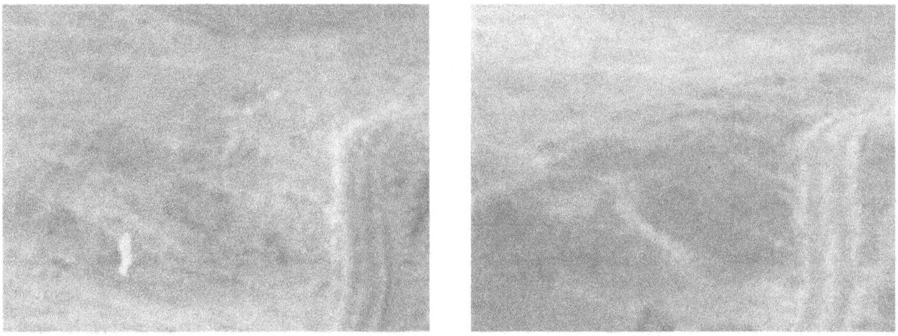

(c) Dune

(d) Octec

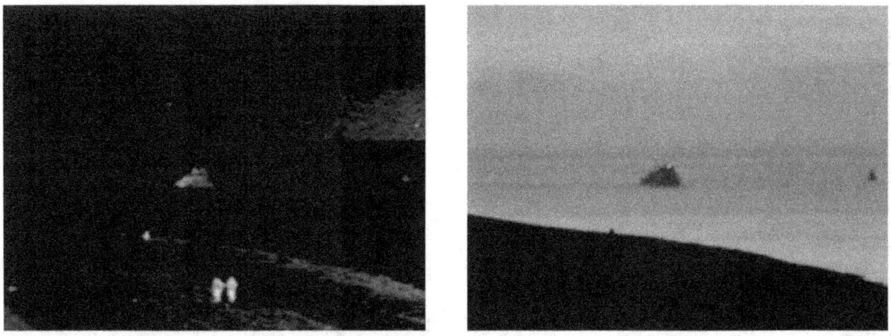

(e) Kayak

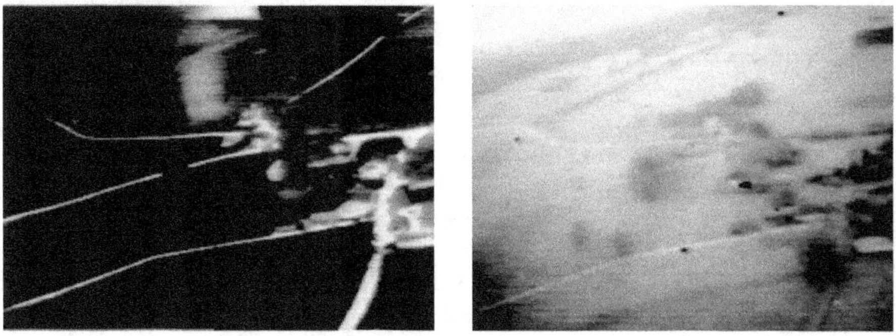

(f) Navi

(g) Road

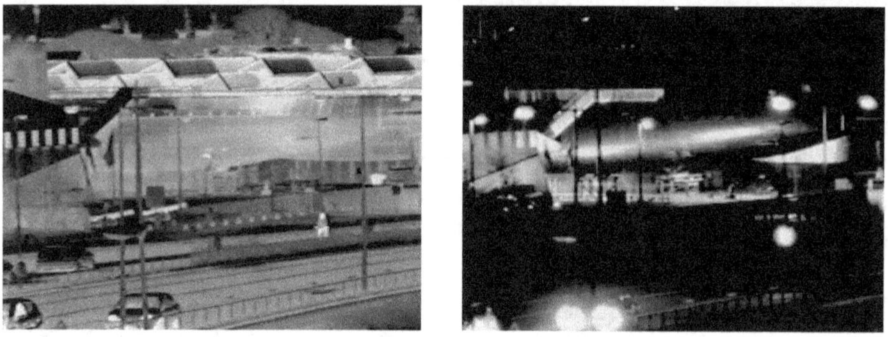

(h) Road2

(i) Steamboat

(j) T2

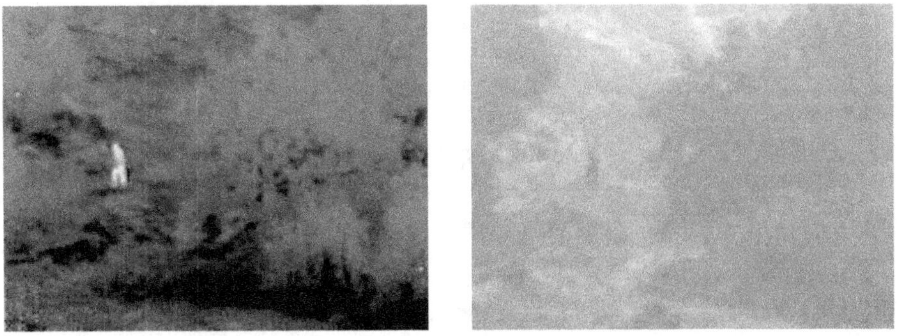

(k) Trees4906

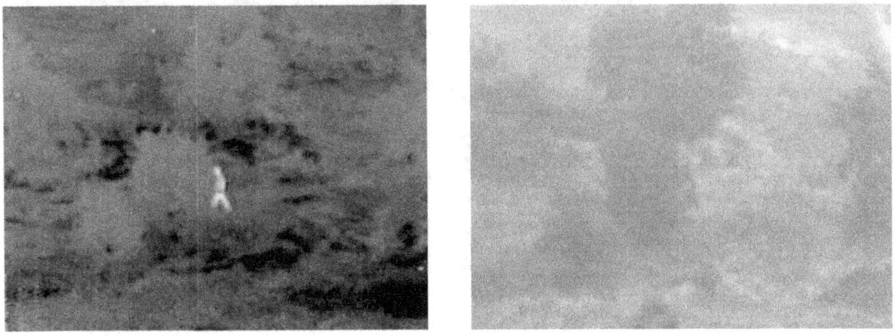

(l) Trees4917

图 6－3　实验用测试图像集

图 6－4 至图 6－6 给出了实验中三组有代表性的融合图像。图 6－4 给出了不同方法关于"Camp"源图像的融合结果，从中可以看出，以上方法都成功地将红外与可见光图像融合，融合图像包含了目标和场景信息。仔细观察可以发现，基于 DTCWT 和 NSCT 的图像融合方法所得融合图像中红外目标不突出，同时丢失了大量的光谱信息，例如图像左侧底部的树木部分。Hybrid-MSD-v1 和 Hybrid-MSD-v2 能较好地提取红外目标，其融合效果要明显优于前两种方法，而 Hybrid-MSD-v1 相较于 Hybrid-MSD-v2 更好地保留了场景信息，更加符合人类视觉感知效果。Zhang's method 更好地突出了目标信息，但对于场景细节信息保留不充分，融合图像看上去过度曝光。从图 6－4(f) 中可以看出本节所提方法的视觉效果更好，源图像中几乎所有的有用信息都被注入融合图像中，同时有效地去除了融合过程中产生的虚影效应。比较发现本节所提方法不仅对比度高，目标更突出，同时包含丰富的光谱信息，更好地保留了边缘等细节信息。

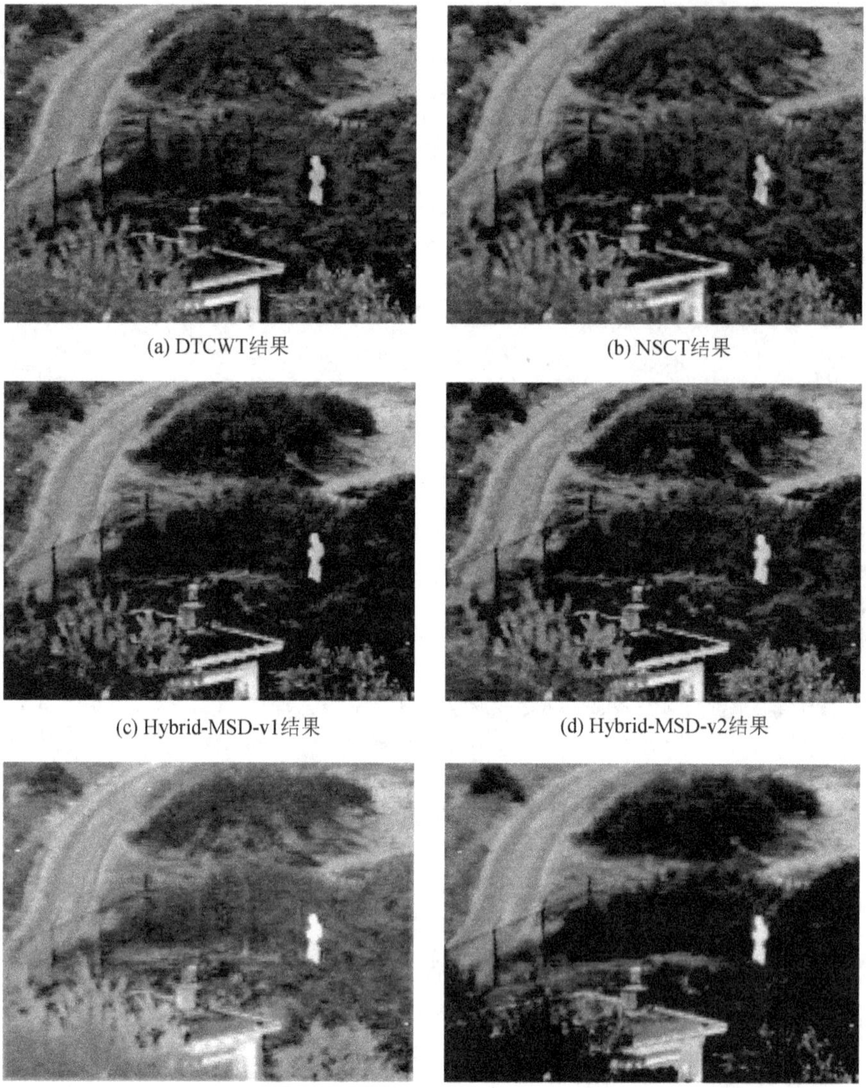

(a) DTCWT结果 (b) NSCT结果

(c) Hybrid-MSD-v1结果 (d) Hybrid-MSD-v2结果

(e) Zhang's method结果 (f) 本节方法结果

图 6-4 "Camp"源图像融合结果

图 6-5 给出了不同方法关于源图像"Road"的融合结果。从图 6-5(a)和(b)可以看出 DTCWT 和 NSCT 两种方法成功地将红外与可见光图像进行融合，但融合图像对比度低，视觉效果差。Hybrid-MSD 和 Zhang's method 的表现要优于以上两种方法，其中 Hybrid-MSD-v2 和 Zhang's method 相较于 Hybrid-MSD-v1 将更多的红外光谱信息注入融合图像中，导致融合图像中一些区域过亮，以至于图像细节信息丢失。从图 6-5(f)可以看出，本节所提方法有效地将红外信息注入可见光图像中，在突出红外目标特征的同时有效地保留了可见光图像丰富的场景细节信息，获得了较好的视觉效果。

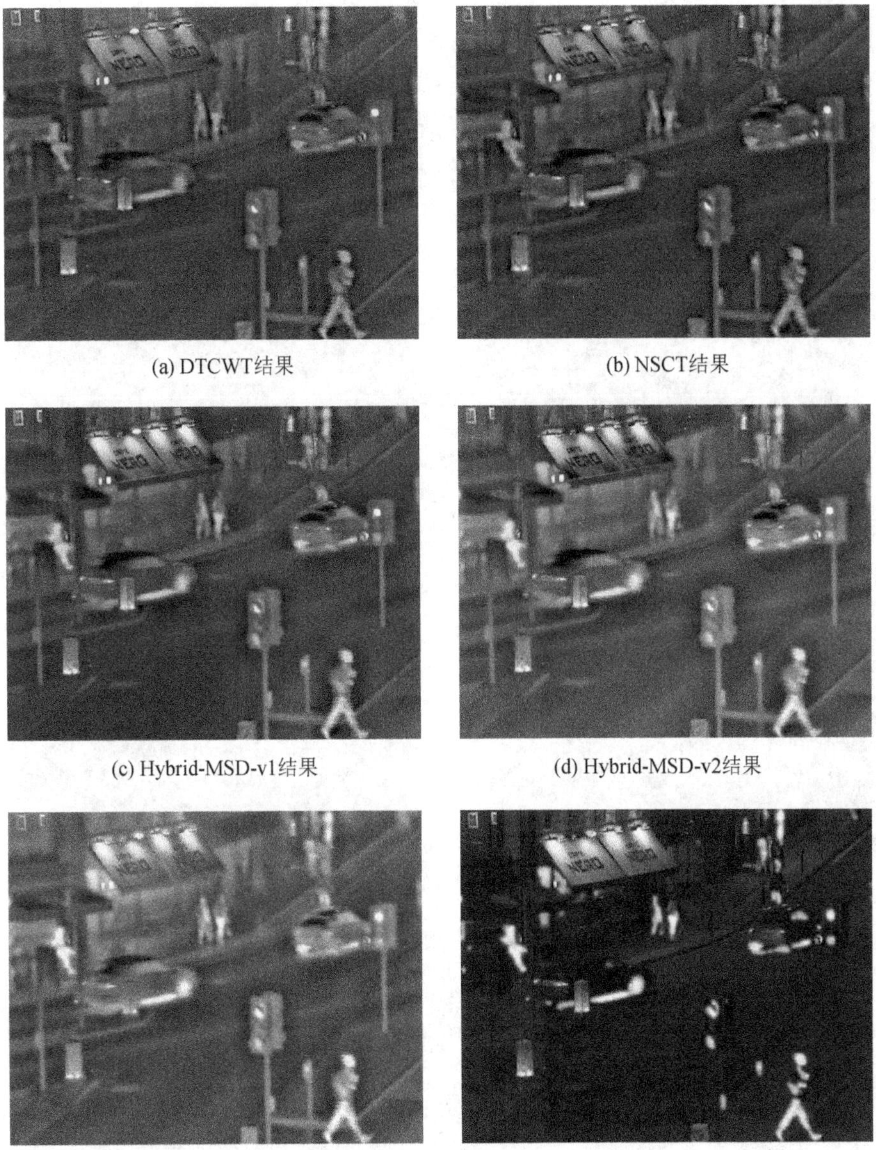

(a) DTCWT结果　(b) NSCT结果

(c) Hybrid-MSD-v1结果　(d) Hybrid-MSD-v2结果

(e) Zhang's method结果　(f) 本节方法结果

图 6－5 "Road"源图像融合结果

图 6－6 给出了不同方法关于"Trees4917"源图像的融合结果。从图 6－6(a)和(b)可以看出，DTCWT 和 NSCT 两种方法的融合图像中背景区域受到红外光谱信息的严重破坏，源图像中的树木、道路等背景信息在融合图像中难以辨认。Hybrid-MSD、Zhang's method 和本节所提方法要明显优于以上两种方法，其中 Hybrid-MSD-v1、Zhang's method 和本节所提方法相较于 Hybrid-MSD-v2 保留了更多的场景细节信息，而 Zhang's method 在有效保留场景细节信息的同时更好地突出了红外目标信息，如融合图像中的行人目标，获得了更好的视觉效果。为作进一步的对比分析，图 6－7 给出了本节所提方法在其余 9 组源图像上的融合结果。

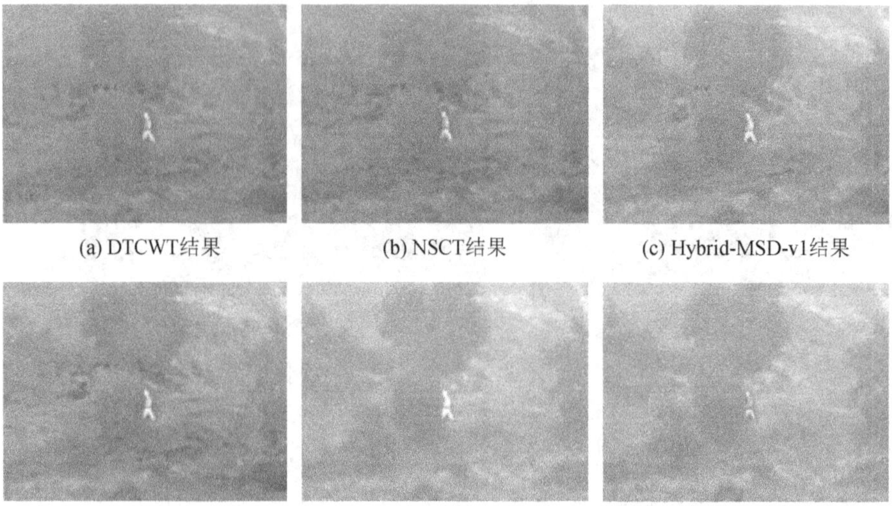

(a) DTCWT结果　(b) NSCT结果　(c) Hybrid-MSD-v1结果

(d) Hybrid-MSD-v2结果　(e) Zhang's method结果　(f) 本节方法结果

图 6－6 "Trees4917"源图像融合结果

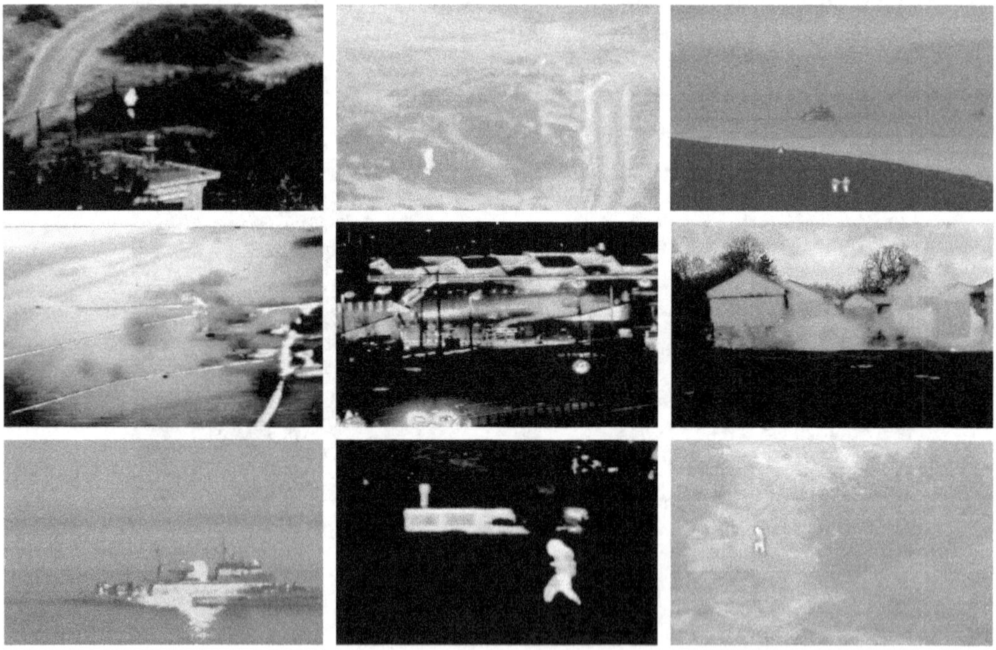

图 6－7 本节所提方法在其他 9 组源图像上的融合结果

通过实验可以发现，本节所提方法利用高斯滤波器将源图像分解为粗略尺度信息和边缘纹理细节信息，同时对红外图像的边缘纹理细节信息进行去光晕分解，在此基础上进一步利用 OTSU 多阈值分割算法对红外图像进行分割，可以有效地将红外信息注入可见光图像中，使得最终的融合图像既能突出红外目标信息，又能保留尽可能多的纹理细节信息，更符合人类视觉感知效果。

2）客观评价

在图像融合任务中，由于没有参考图像，融合图像质量的客观评价不是一件容易的工作。应用多种评价指标进行整体评价被普遍认为是一种合理的方法。在实验中，采用了 5 种常用的红外与可见光图像融合评价指标进行定量评价，分别是基于 Tsallis 熵的评价指标 Q_{TE}、基于梯度的评价指标 Q_G、基于图像结构相似度的评价指标 Q_S 和 Q_Y 以及基于人类视觉感知启发的评价指标 Q_{CB}。

Q_{TE}衡量的是融合图像与源图像的相关程度，其值越大表示融合图像与源图像越相关，融合图像质量越好；Q_G衡量的是源图像的边缘信息成功地注入融合图像中的效果，其值越大说明源图像中的边缘信息注入融合图像中的越多，融合图像质量越好；Q_S和 Q_Y衡量的是融合图像保留源图像结构信息的效果，其值越大表明融合图像质量越好；Q_{CB}展示了人类视觉感知的良好预测性能，其值越大表示融合图像越符合人类的视觉感知，融合图像质量越好。

表 6-1 给出了以上三组实验的客观评价指标值，从表中可以看出，本节所提方法针对“Camp”源图像在 5 个客观评价指标上都获得了最好的得分；针对“Road”源图像除指标 Q_G，在其余 4 个评价指标上都获得了最好的得分；针对“Trees4917”源图像在 Q_G、Q_S和 Q_Y三个指标上获得最好的得分，在指标上 Q_{CB}获得第二好的得分，说明本节所提方法在以上三组实验中的表现要优于现有的图像融合方法。表 6-2 给出了 12 组源图像的整体客观评价指标值，对于每一个评价指标计算每个方法对 12 组源图像的平均得分，粗体显示的值表示所有方法中最好的得分。从表中可以看出，本节所提方法在所有 5 个评价指标上都获得最佳性能，表明本节所提方法整体上要优于其他融合方法。

表 6-3 给出了不同融合方法在大小为 360×270 的源图像上的运行时间，所有进行比较的方法都是在 MATLAB 平台上运行的，计算机配置为 Intel i3-4150 处理器和 4 GB 内存。结果表明，本节所提方法的运行效率还有待进一步提高，但随着计算能力的提高，本节所提方法的运行效率也会提高。

表 6-1　不同融合方法在三组测试图像上的客观评价指标值

实验图像	评价指标	融合方法					
		DTCWT	NSCT	Hybrid-MSD v1	Hybrid-MSD v2	Zhang's method	本节方法
Camp	Q_{TE}	0.256 3	0.219 6	0.239 4	0.215 9	0.341 7	**0.420 3**
	Q_G	0.427 7	0.185 4	0.459 0	0.450 6	0.444 8	**0.594 6**
	Q_S	0.790 9	0.545 3	0.801 8	0.795 5	0.747 8	**0.997 9**
	Q_Y	0.786 3	0.349 2	0.802 5	0.786 8	0.822 7	**0.988 5**
	Q_{CB}	0.549 7	0.472 6	0.585 9	0.567 3	0.477 7	**0.721 3**

续表

实验图像	评价指标	融合方法					
		DTCWT	NSCT	Hybrid-MSD v1	Hybrid-MSD v2	Zhang's method	本节方法
Road	Q_{TE}	0.277 1	0.246 1	0.247 6	0.304 5	0.440 5	**0.460 3**
	Q_G	0.499 2	0.205 4	0.505 2	0.591 6	**0.627 7**	0.387 2
	Q_S	0.779 6	0.643 8	0.782 3	0.843 5	0.845 2	**0.993 6**
	Q_Y	0.735 2	0.323 0	0.720 4	0.846 3	0.911 5	**0.952 7**
	Q_{CB}	0.466 9	0.443 6	0.486 4	0.514 8	0.476 6	**0.603 8**
Trees4917	Q_{TE}	0.404 4	0.384 6	0.480 5	0.486 4	**0.521 7**	0.451 5
	Q_G	0.437 2	0.171 3	0.438 5	0.445 3	0.549 6	**0.553 9**
	Q_S	0.860 0	0.664 2	0.836 8	0.850 1	0.778 3	**0.994 6**
	Q_Y	0.809 5	0.263 4	0.765 8	0.777 5	0.981 1	**0.994 6**
	Q_{CB}	0.542 9	0.494 1	0.552 2	0.533 9	**0.717 9**	0.588 9

表 6-2　不同融合方法在所有源图像上的整体客观评价指标值

评价指标	融合方法					
	DTCWT	NSCT	Hybrid-MSD v1	Hybrid-MSD v2	Zhang's method	本节方法
Q_{TE}	0.397 1	0.382 3	0.401 4	0.391 0	0.445 7	**0.450 3**
Q_G	0.501 5	0.190 0	0.502 2	0.509 9	0.512 8	**0.532 7**
Q_S	0.815 7	0.605 7	0.818 5	0.826 4	0.772 7	**0.994 3**
Q_Y	0.786 8	0.294 5	0.778 9	0.789 1	0.889 6	**0.959 3**
Q_{CB}	0.505 9	0.437 2	0.514 6	0.524 1	0.488 6	**0.576 2**

表 6-3　不同融合方法运行时间比较

融合方法	DTCWT	NSCT	Hybrid-MSD v1	Hybrid-MSD v2	Zhang's method	本节方法
时间(s)	0.5	1.371	2.2987	1.9929	0.3024	12.4

[参考文献]

[1] Jin X, Jiang Q, Yao S W, et al. A survey of infrared and visual image fusion methods[J]. Infrared Physics & Technology, 2017, 85: 478-501.

[2] Li S T, Yang B, Hu J W. Performance comparison of different multi-resolution transforms for image fusion [J]. Information Fusion, 2011, 12(2): 74-84.

[3] Hu J W, Li S T. The multiscale directional bilateral filter and its application to multisensor image fusion [J]. Information Fusion, 2012, 13(3): 196-206.

[4] Zhou Z Q, Wang B, Li S, et al. Perceptual fusion of infrared and visible images through a hybrid multi-scale decomposition with Gaussian and bilateral filters[J]. Information Fusion, 2016, 30: 15-26.

[5] Ma J L, Zhou Z Q, Wang B, et al. Infrared and visible image fusion based on visual saliency map and weighted least square optimization[J]. Infrared Physics & Technology, 2017, 82: 8-17.

[6] Liu Y, Liu S P, Wang Z F . A general framework for image fusion based on multi-scale transform and sparse representation[J]. Information Fusion, 2015, 24: 147-164.

[7] Yang B, Li S T. Multifocus image fusion and restoration with sparse representation[J]. IEEE Transactions on Instrumentation and Measurement, 2010, 59(4): 884-892.

[8] Yin H P, Liu Z D, Fang B, et al. A novel image fusion approach based on compressive sensing[J]. Optics Communications, 2015, 354: 299-313.

[9] Kim M, Han D K, Ko H. Joint patch clustering-based dictionary learning for multimodal image fusion[J]. Information Fusion, 2016, 27: 198-214.

[10] Liu Z D, Yin H P, Fang B, et al. A novel fusion scheme for visible and infrared images based on compressive sensing[J]. Optics Communications, 2015, 335: 168-177.

[11] Cui G M, Feng H J, Xu Z H, et al. Detail preserved fusion of visible and infrared images using regional saliency extraction and multi-scale image decomposition[J]. Optics Communications, 2015, 341: 199-209.

[12] Li H, Wu X J, Kittler J. Infrared and visible image fusion using a deep learning framework[C]//Proceedings of the 24th International Conference on Pattern Recognition. August 20-24, 2018, Beijing, China. IEEE, 2018: 2705-2710.

[13] Liu Y, Chen X, Cheng J, et al. Infrared and visible image fusion with convolutional neural networks[J]. International Journal of Wavelets, Multiresolution and Information Processing, 2018, 16(3): 1-20.

[14] Zhang Y, Liu Y, Sun P, et al . IFCNN: A general image fusion framework based on convolutional neural network[J]. Information Fusion, 2020, 54: 99-118.

[15] Li S T, Kang X D, Hu J W. Image fusion with guided filtering[J]. IEEE Transactions on Image Processing, 2013, 22(7): 2864-2875.

[16] Zhang Y, Zhang L J, Bai X Z, et al. Infrared and visual image fusion through infrared feature extraction and visual information preservation[J]. Infrared Physics & Technology, 2017, 83: 227-237.

[17] Cvejic N, Canagarajah C N, Bull D R. Image fusion metric based on mutual information and Tsallis entropy[J]. Electronics Letters, 2006, 42(11): 626-627.

[18] Xydeas C S, Petrović V. Objective image fusion performance measure[J]. Electronics Letters, 2000, 36 (4): 308-309.

[19] Piella G, Heijmans H. A new quality metric for image fusion[C]//Proceedings of 2003 International Conference on Image Processing. September 14-17, 2003, Barcelona, Spain. IEEE, 2003: 173-176.

[20] Li S S, Hong R C, Wu X Q. A novel similarity based quality metric for image fusion[C]//Proceedings of 2008 International Conference on Audio, Language and Image Processing. July 7-9, 2008, Shanghai. IEEE, 2008: 167-172.

[21] Chen Y, Blum R S. A new automated quality assessment algorithm for image fusion[J]. Image and Vision Computing, 2009, 27(10): 1421-1432.

[22] Haghighat M, Razian M A. Fast-FMI: Non-reference image fusion metric[C]//Proceedings of the 8th International Conference on Application of Information and Communication Technologies. October 15-17, 2014, Astana, Kazakhstan. IEEE, 2015: 1-3.

[23] Kumar B K S. Multifocus and multispectral image fusion based on pixel significance using discrete cosine harmonic wavelet transform[J]. Signal, Image and Video Processing, 2013, 7(6): 1125-1143.

第 7 章　基于深度卷积神经网络的图像融合方法

传统图像融合方法的局限性越来越明显，一方面，为了保证后续特征融合的可行性，传统方法被迫对不同的源图像采用相同的变换来提取特征，但是该操作没有考虑源图像的特征差异，可能导致提取的特征表达能力较差；另一方面，传统方法的特征融合策略过于粗糙，融合性能非常有限。

将深度学习引入图像融合的动机是为了克服传统方法的这些局限性。首先，基于深度学习的方法可以利用不同的网络分支来实现差异化的特征提取，从而获得更有针对性的特征；其次，基于深度学习的方法可以在精心设计的损失函数的指导下学习更合理的特征融合策略，从而实现自适应特征融合。得益于这些优势，深度学习推动了图像融合的巨大进步，获得了远超传统方法的性能。

7.1　卷积神经网络

卷积神经网络(Convolutional Neural Network，CNN)是一种端到端的层次模型，其输入是原始数据，在整个学习流程中并不进行人为的子问题划分，而是完全交给深度学习模型直接习得从原始输入到预期目标的映射。如图 7－1 所示，CNN 基本结构由输入层、卷积层、池化层、全连接层、输出层构成。

图 7－1　卷积神经网络结构

卷积层和池化层一般会取若干个，采用卷积层和池化层交替组合的形式，即一个卷积层连接一个池化层，池化层后再连接一个卷积层，依此类推。由于卷积层中输出特征面的每个神经元与其输入进行局部连接，并通过对应的连接权值与局部输入进行加权求和后再加上偏置值，得到该神经元输入值，该过程等同于卷积过程，卷积神经网络也由此而得名。

7.1.1　卷积神经网络的基本结构

1）卷积层

卷积层是卷积神经网络中最关键的组成部分，由多个特征面组成，每个特征面又由多个神经元组成，每一个神经元通过卷积核与上一层特征面的局部区域相连。卷积运算实际上就是分析数学中的一种运算方式。卷积核是一个权值矩阵，对于二维图像而言，可视作一个 3×3 或 5×5 的矩阵。下面以 3×3 的卷积核为例，将一张输入大小为 3×3×1(长为 3，宽为 3，通道数为 1)的图片进行卷积运算，输入数据和卷积核如图 7－2 所示。

1	2	3
2	1	3
3	2	1

(a) 输入数据

1	1	1
1	1	1
1	1	1

(b) 卷积核

图 7-2　输入数据和卷积核

卷积操作的第一步是边缘扩充，常见的方式是当卷积核在边缘运算时会在边缘补充 0，图 7-2(a)中的输入数据经过边缘扩充后如图 7-3 所示。

0	0	0	0	0
0	1	2	3	0
0	2	1	3	0
0	3	2	1	0
0	0	0	0	0

图 7-3　边缘扩充后的输入数据

对边缘扩充后，接下来是对输入的选择区域执行步长为 1 的卷积操作，大小为 3×3×1 的输入数据的卷积计算区域如图 7-4 所示。

使用图 7-2(b)中的卷积核对图 7-4 中的每一个区域分别计算。计算方式为卷积核上每个位置的权值与输入选中区域的每个位置值做乘法计算，然后求和。例如，对图 7-4 第一块选中的区域计算卷积的结果为 $Sum=0\times1+0\times1+0\times1+0\times1+1\times1+2\times1+0\times1+2\times1+1\times1=6$。最终得到结果的维度是 3×3×1，如图 7-5 所示。

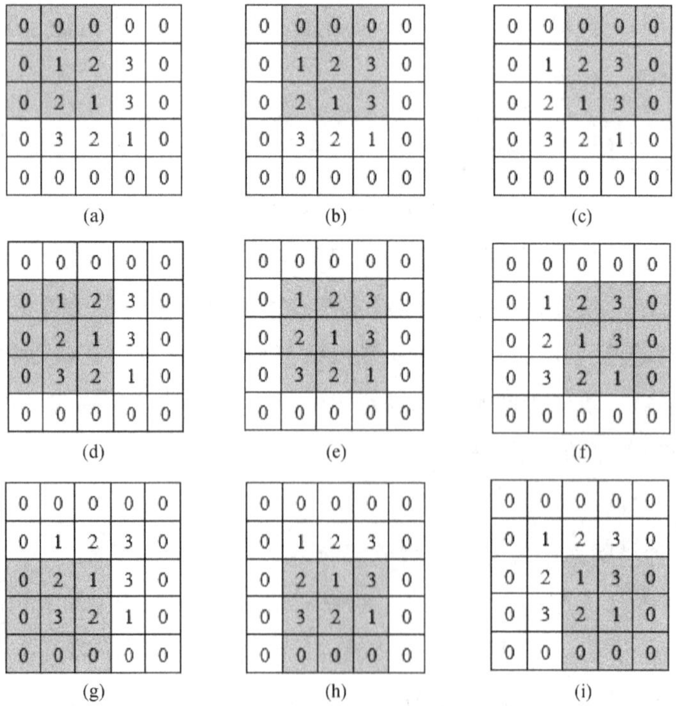

图 7-4　卷积计算区域

6	12	9
11	18	12
8	12	7

图 7-5　卷积计算结果

卷积操作是一种局部操作，通过一定大小的卷积核作用于局部图像区域来获得图像的局部信息。如图 7-6 所示，在源图像上分别作用公式(7-1)中的 3×3 大小的卷积核$\boldsymbol{K}_e$、$\boldsymbol{K}_h$和$\boldsymbol{K}_v$。

$$\boldsymbol{K}_e=\begin{bmatrix}0 & -4 & 0\\ -4 & 16 & -4\\ 0 & -4 & 0\end{bmatrix},\boldsymbol{K}_h=\begin{bmatrix}1 & 2 & 1\\ 0 & 0 & 0\\ -1 & -2 & -1\end{bmatrix},\boldsymbol{K}_v=\begin{bmatrix}1 & 0 & -1\\ 2 & 0 & -2\\ 1 & 0 & -1\end{bmatrix} \tag{7-1}$$

$\boldsymbol{K}_e$、$\boldsymbol{K}_h$和$\boldsymbol{K}_v$分别对应整体边缘滤波器、横向边缘滤波器和纵向边缘滤波器。源图像的像素点(x,y)处可能存在物体边缘，则其四周$(x-1,y)$、$(x+1,y)$、$(x,y-1)$、$(x,y+1)$处的像素值应与(x,y)处有显著差异。此时，如作用以整体边缘滤波器K_e，可消除四周像素值差异小的图像区域而保留差异显著的区域，由此可检测出物体边缘信息。同理，类似K_h和K_v的横向、纵向边缘滤波器可分别保留横向、纵向的边缘信息。

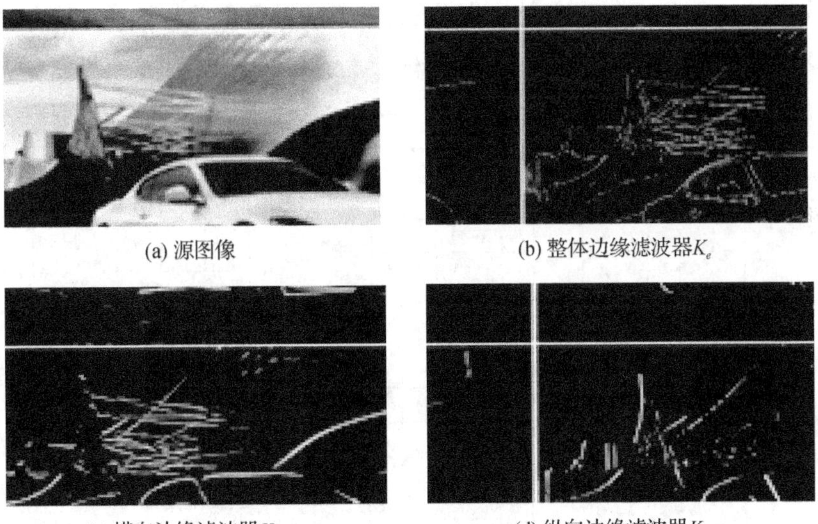

(a) 源图像　(b) 整体边缘滤波器K_e　(c) 横向边缘滤波器K_h　(d) 纵向边缘滤波器K_v

图 7-6　卷积操作示范

实际应用中，卷积网络中的卷积核参数是通过网络训练学习得到的，除了上述三种卷积核，检测颜色、形状、纹理等众多基本模式的卷积核都可以被包含在一个足够复杂的深层卷积神经网络中。通过组合这些滤波器(卷积核)以及随着网络后续操作的进行，基本且一般的模式会逐渐被抽象为具有高层语义的概念表示，并以此对应到具体的样本类别。

2) 池化层

池化层紧跟在卷积层之后，同样由多个特征面组成，它的每一个特征面唯一对应于其上一层的一个特征面，不会改变特征面的个数。池化层的引入是仿照了人的视觉系统，实际上是对输入对象进行降维(降采样)和抽象操作。

池化层的操作过程与卷积层类似，不同的是池化层不需要参数与输入数据进行计算。池化层中有个窗口的概念，窗口用于设置每个被选取做池化操作的区域的参数，与卷积计算中的卷积核的宽和高相像。如图 7－7 所示，用两张输入大小为 3×3 的图片演示池化层计算原理。

第 1 张图片

1	2	3
2	1	3
3	2	1

第 1 个通道

1	3	4
3	4	2
2	1	3

第 2 个通道

第 2 张图片

4	5	6
5	4	6
6	6	5

第 1 个通道

7	3	6
4	5	7
7	6	5

第 2 个通道

图 7－7　通道数均为 2，宽、高均为 3 的输入

池化层同样会进行边缘扩充，但是池化层在边界填充的数不参与计算而只用于占位。本节以最大值池化为例，当输入为图 7－8 中的数据时，最大值池化计算过程如图 7－8 所示。

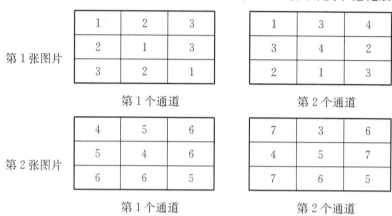

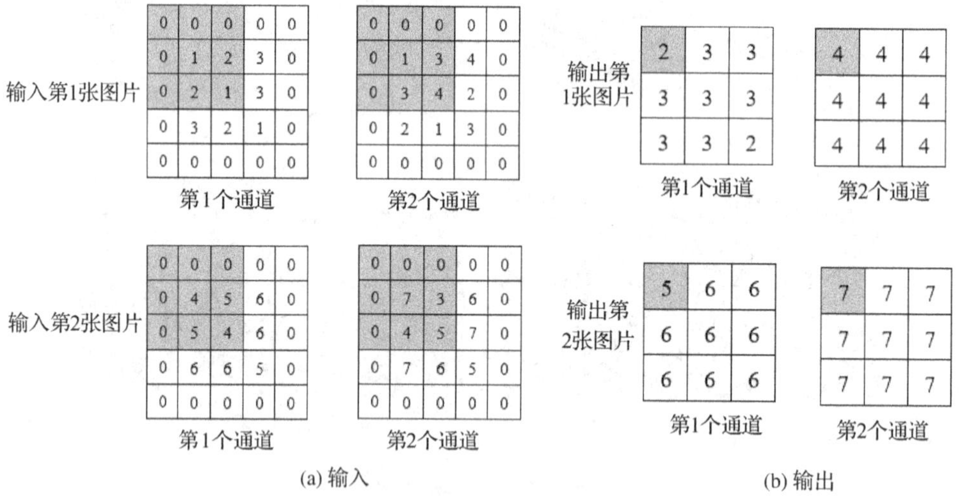

图 7－8　最大值池化计算过程

图 7－8(a)为输入，图 7－8(b)为最大值池化计算后得到的输出。输入的第一个被选中参与池化计算的区域用灰色阴影表示，其输出也对应用灰色阴影标记。每次计算过程中，阴影区域往左边移动一格，并将阴影区域最大值作为结果存放到输出的对应位置。

池化层旨在降低图像分辨率以获取具有空间不变性的特征。由于池化操作的降采样作用，池化后结果中的一个元素对应于上一输入数据的一个子区域，因此池化操作在空间范围内做了维度约减，从而使模型可以抽取更广范围的特征。同时池化操作后模型更关注是否存在某些特征而不是特征具体的位置，使特征学习包含某种程度的自由度。常见的池化操作有最大值池化（即取局部接受域中值最大的点）、均值池化（即对局部接受域中的所有值求均值）和随机池化，其中最大值池化适合分离非常稀疏的特征。

3）激活函数

激活函数又称非线性映射。由于卷积只是将输入数据进行线性操作，若干个卷积层的堆叠只能起到线性映射的作用，无法形成复杂的函数，造成网络表达能力单一。激活函数的引入正是为了增加整个网络的表达能力（即非线性）。

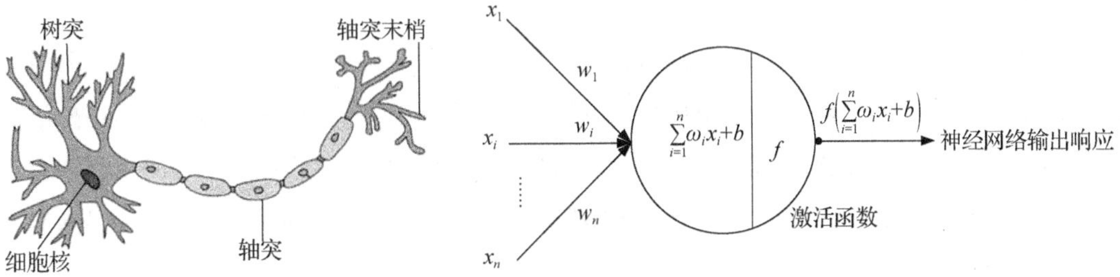

图 7-9　激活函数计算过程

如图 7-9 所示，直观上，激活函数模拟了生物神经元特性：接受一组输入信号并产生输出。在神经科学中生物神经元通常有一个阈值，当神经元所获得的输入信号累积效果超过了该阈值，神经元就被激活而处于兴奋状态；否则，处于抑制状态。在人工神经网络中，sigmoid 型函数因可以模拟这一生物过程，而在神经网络发展历史进程中曾处于相当重要的地位。

sigmoid 型函数也称 logistic 函数，如公式（7-2）所示：

$$\sigma(x)=\frac{1}{1+\exp(-x)} \tag{7-2}$$

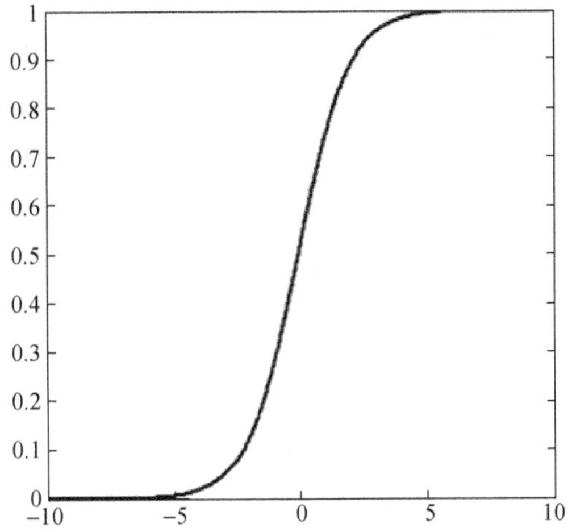

图 7-10　sigmoid 型函数

sigmoid 型函数的图像如图 7-10 所示，明显能看出，经过 sigmoid 型函数作用后，输出响应的值域被压缩到 [0,1] 之间，而 0 对应了生物神经元的抑制状态，1 则恰好对应了兴奋状态。不过再深入观察后还能发现在 sigmoid 型函数两端，对于大于 5(或小于−5)的值，无论多大(或多小)都会将其压缩到 1(或 0)。如此便带来一个严重问题，即梯度的饱和效应(saturation effect)。这会导致在误差反向传播过程中导数处于该区域的误差将很难甚至根本无法传递至前层，进而导致整个网络无法训练(导数为 0 将无法更新网络参数)。此外，在参数初始化的时候还需特别注意，要避免初始化参数直接将输出值域带入这一区域：一种可能的情形是当初始化参数过大时，将直接引发梯度饱和效应而无法训练。

4) 全连接层

在卷积神经网络结构中，经多个卷积层和池化层后，连接着一个或一个以上的全连接层，全连接层中的每个神经元与其前一层的所有神经元进行全连接。全连接层可以整合卷积层或者池化层中具有类别区分性的局部信息，在整个卷积神经网络中起到了分类器的作用。如果说卷积层、池化层和激活函数的作用是将原始数据映射到隐藏层特征空间的话，全连接层则起到将特征表示映射到样本的标记空间的作用。

为了在训练中避免过拟合，常在全连接层中采用正则化方法，即 dropout 技术，使隐藏层神经元的输出值以 0.5 的概率变为 0。通过该技术部分隐层节点失效，这些节点不参加前向传播过程，也不会参加后向传播过程。对于每次输入到网络中的样本，由于 dropout 技术的随机性，它对应的网络结构不相同，但是所有这些结构共享权值。

7.1.2 卷积神经网络的训练方式

卷积神经网络是一种层次模型，其输入是原始数据。通过卷积、池化和非线性激活函数映射等一系列操作的层层堆叠，将高层语义信息由原始数据输入层抽取出来，逐层抽象，这一过程便是前馈运算。最终，卷积神经网络的最后一层将目标任务化为目标函数。通过计算预测值与真实值之间的误差或损失，凭借基于梯度下降的反向传播算法将误差或损失由最后一层逐层向前反馈，更新每层参数，并在更新参数后再次前馈，如此往复，直到网络模型收敛，从而达到训练的目的。

1) 梯度下降算法

梯度下降是迭代法的一种，可以用于求解最小二乘问题，在机器学习中是目标函数一种常用的一阶优化方法，其迭代过程如图 7-11 所示。通过使用梯度下降算法找到一个函数的局部极小值，从而对函数上当前点对应的反方向的规定步长距离点进行迭代搜索。梯度下降的含义在于通过当前点的梯度方向寻找新的迭代点。在此需要指出的是，梯度下降算法在每次迭代求目标函数最优解时，需要计算所有训练集样本的梯度。

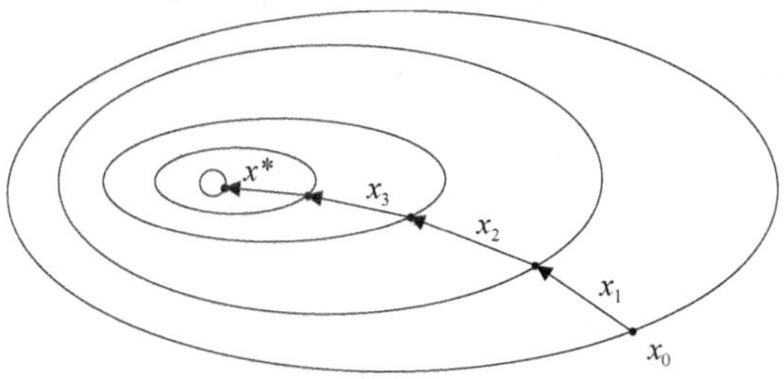

图 7－11　梯度下降算法迭代过程

在介绍梯度下降算法之前先简要说明损失函数（目标函数），即通过样本的预测结果与真实标记之间产生的误差反向传播来指导网络参数学习与表示学习。常见的损失函数均方差误差（Mean Squared Error，MSE）如公式（7－3）所示：

$$MSE=\frac{1}{N}\sum_{i=1}^{N}[y_i-f(x_i)]^2 \tag{7-3}$$

（1）全量梯度下降算法

全量梯度下降（Batch Gradient Descent，BGD），又称为批量梯度下降，是梯度下降算法最原始的形式，针对的是整个数据集，通过在整个数据集上计算损失函数，即在更新每一次参数时都使用所有的样本来进行更新。

在此假设一个一般线性回归函数如公式（7－4）所示：

$$h_\theta=\sum_{j=0}^{n}\theta_j x_j \tag{7-4}$$

对应的损失函数如公式（7－5）所示：

$$L_1(\theta)=\frac{1}{2m}\sum_{i=1}^{m}[y_i-h_\theta(x_i)]^2 \tag{7-5}$$

全量梯度下降是对全部训练数据求得误差后再对参数进行更新，使得最终求的是全局最优解。梯度下降一次迭代会更新所有 θ，每次更新都是向最优方向递进。

对上述的损失函数求偏导得到的结果如公式（7－6）所示：

$$\frac{\partial L_1(\theta)}{\partial\theta_j}=-\frac{1}{m}\sum_{i=1}^{m}[y_i-h_\theta(x_i)]x_j^i \tag{7-6}$$

按照每个参数梯度的负方向来更新每个 θ，具体如公式（7－7）所示：

$$\theta'_j=\theta_j+\frac{1}{m}\sum_{i=1}^{m}[y_i-h_\theta(x_i)]x_j^i \tag{7-7}$$

（2）随机梯度下降算法

在深度学习中，训练参数往往有上万甚至上百万，梯度下降方法的效率会非常低下，因此在深度学习中常使用随机梯度下降（Stochastic Gradient Descent，SGD）算法替代经典的梯度下降算法来更新参数、训练模型。随机梯度下降算法在迭代过程中随机选择一个或几个样本的梯度来替代总体梯度，以达到降低计算复杂度的目的。虽然不是每次迭代得到的损失函数都向着全局最优方向，但是大的整体方向是向着全局最优方向的，最终的结果往往是在全局最优解附近。

将公式(7-5)中的损失函数改进，得到具体表达如公式(7-8)所示：

$$L_2(\theta)=\frac{1}{m}\sum_{i=1}^{m}\frac{1}{2}\left[y_i-h_\theta(x_i)\right]^2=\frac{1}{m}\sum_{i=1}^{m}\mathrm{cost}[\theta,(x_i,y_i)]$$

$$\mathrm{cost}[\theta,(x_i,y_i)]=\frac{1}{2}[y_i-h_\theta(x_i)]^2 \tag{7-8}$$

利用对每个样本的损失函数求偏导得到的对应梯度来更新每个 θ，具体如公式(7-9)所示：

$$\theta'_j=\theta_j+[y_i-h_\theta(x_i)]x_j^i \tag{7-9}$$

对比上面的全量梯度下降，如果样本量很大，那么可能一次迭代需要用到十几万训练样本，并且一次迭代不可能最优，迭代 10 次就需要遍历训练样本 10 次。而相同情况下，随机梯度下降只用到其中的几万条或者几千条样本，但从迭代次数上来看随机梯度下降的迭代次数较多，在解空间的搜索过程看起来很盲目。

2）误差反向传播算法

反向传播(Back Propagation, BP)算法由信号的正向传播与误差的反向传播两个过程组成。

正向传播称为前馈运算。卷积神经网络通过卷积、池化、非线性激活函数映射等一系列操作的堆叠，输入样本中的高层语义信息逐层抽象，最终得到输出结果，如果最终得到的输出层与期望输出相同则结束算法，反之则转至误差反向传播。

反向传播称为后馈运算。在卷积神经网络求解时，先通过前馈运算作出预测并计算误差，后通过随机梯度下降算法更新参数，梯度从后往前逐层反馈，直至更新至网络的第一层参数。

同样以图像融合为例，在进行图像融合之前，将测试图集输入网络进行训练，实际是获取特征区域的特征指标，最终得到的输出与真实标记相同则完成一次运算，反之则通过误差反向传播进行模型参数的更新。

以监督学习为例来解释反向传播这一过程，并且每层神经元的激活函数都为 sigmoid 型函数。假设每个训练样本为 $(\boldsymbol{x},\boldsymbol{t})$，其中向量 $\boldsymbol{x}$ 是训练样本的特征，而向量 $\boldsymbol{t}$ 是训练样本的目标值。根据公式(7-10)计算神经网络中每个隐藏节点的输出 a_i，以及输出层每个节点的输出 y_i：

$$a_i=\mathrm{sigmoid}(\boldsymbol{\omega}^{\mathrm{T}}\cdot\boldsymbol{x})=\sum_{j=1}^{n}\mathrm{sigmoid}(\omega_{ij}x_j)+\mathrm{sigmoid}(\omega_{ib})$$

$$y_i=\mathrm{sigmoid}(\boldsymbol{\omega}^{\mathrm{T}}\cdot\boldsymbol{a})=\sum_{j=1}^{n}\mathrm{sigmoid}(\omega_{\mathrm{output}\,j}a_j)+\mathrm{sigmoid}(\omega_{\mathrm{outputb}}) \tag{7-10}$$

其中，ω_{ij} 是隐藏层节点 1、2、3……n 到下一节点 i 的连接的权重，$\omega_{\mathrm{output}\,j}$ 是上一隐藏层节点 1、2、3……n 到输出层节点 i 的连接的权重，ω_{ib}、$\omega_{\mathrm{outputb}}$ 分别为两个权重向量中的偏置项。具体运算规则如图 7-12 所示。

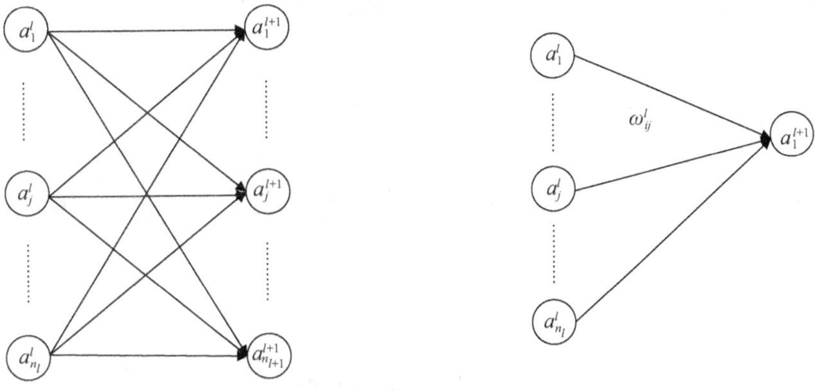

图 7-12 节点运算规则

然后按照下面的方法计算出每个节点的误差项 δ_i。

输出层权值训练：

$$\delta_i = y_i(1 - y_i)(t_i - y_i) \tag{7-11}$$

其中，δ_i 是输出层节点 i 的误差项，y_i 是该节点的输出值，t_i 是训练样本对应于节点 i 的目标值。

隐藏层权值训练：

$$\delta_i = a_i(1 - a_i) \sum_{k \in \text{outputs}} \omega_{ki}\delta_k \tag{7-12}$$

其中，δ_i 是隐藏层节点 i 的误差项，a_i 是该节点的输出值，ω_{ki} 是节点 i 到下一层的节点 k 的连接的权重，δ_k 是节点 i 到下一层的节点 k 的误差项。

最后，根据公式(7-13)更新每个连接上的权值：

$$\omega_{ji} \leftarrow \omega_{ji} + \eta\delta_j x_{ji} \tag{7-13}$$

其中，ω_{ji} 是节点 i 到节点 j 的权重，η 是一个称为学习速率的常数，δ_j 是节点 j 的误差项，x_{ji} 是节点 i 传递给节点 j 的输入。

偏置项的输入值永远为 1，且根据公式(7-14)计算可得：

$$\omega_{ib} \leftarrow \omega_{ib} + \eta\delta_i \tag{7-14}$$

链式法则是微积分中的求导法则，用于求得一个复合函数的导数，是微积分求导运算中的一种常用方法。误差反向传播算法实际上就是链式求导法则的应用，接下来用链式法则推导上述公式(7-11)、(7-12)、(7-13)。

首先取所有输出层节点的误差平方和作为损失函数，具体表达式如公式(7-15)所示：

$$L_d = \frac{1}{2} \sum_{i \in \text{outputs}} (t_i - y_i)^2 \tag{7-15}$$

其中，L_d 表示样本 d 的误差。

然后用前面提到的随机梯度下降算法对损失函数进行优化，具体表达式如公式(7-16)所示：

$$\omega_{ji} \leftarrow \omega_{ji} + \eta \frac{\partial L_d}{\partial \omega_{ji}} \tag{7-16}$$

其中，还需要求解误差 L_d 对于每个权重 ω_{ji} 的偏导数(梯度)。由于权重 ω_{ji} 仅能通过影响节点 j 的输入值来影响网络的其他部分，假设 Net_j 是节点 j 的加权输入，即

$$Net_j = \vec{\omega} \cdot \vec{x}_j = \sum_i \omega_{ji} x_{ji} \tag{7-17}$$

L_d 是 Net_j 的函数，而 Net_j 是 ω_{ji} 的函数。根据链式求导法则可以得到具体表达式如公式(7-18)所示：

$$\frac{\partial L_d}{\partial \omega_{ji}} = \frac{\partial L_d}{\partial Net_j}\frac{\partial Net_j}{\partial \omega_{ji}} = \frac{\partial L_d}{\partial Net_j}\frac{\partial \sum_i \omega_{ji} x_{ji}}{\partial \omega_{ji}} = \frac{\partial L_d}{\partial Net_j} x_{ji} \tag{7-18}$$

式中，x_{ji} 是节点 i 传递给节点 j 的输入值，同样也是节点 i 的输出值。在此需要注意的是区分输出层和隐藏层两种情况。

(1) 输出层权值训练

对于输出层来说，Net_j 仅能通过节点 j 的输出值 y_j 来影响网络其他部分，也就是说 L_d 是 y_j 的函数，而 y_j 是 Net_j 的函数，其中 $y_j = \mathrm{sigmoid}(Net_j)$ 。所以再次利用链式求导法则：

$$\frac{\partial L_d}{\partial Net_j} = \frac{\partial L_d}{\partial y_j}\frac{\partial y_j}{\partial Net_j} \tag{7-19}$$

分别对公式(7-19)的第一项、第二项求解，得到表达式如公式(7-20)所示：

$$\frac{\partial L_d}{\partial Net_j} = \frac{\partial \frac{1}{2}\sum_{i \in \mathrm{outputs}} (t_i - y_i)^2}{\partial y_j} \frac{\partial \mathrm{sigmoid}(Net_j)}{\partial Net_j} = -(t_j - y_j) y_j (1 - y_j) \tag{7-20}$$

令误差 $\delta_j = -\frac{\partial L_d}{\partial Net_j}$ ，也就是一个节点的误差项 δ 是网络误差对这个节点输入的偏导数的相反数。将上述推导式带入公式(7-16)得到：

$$\begin{aligned} \omega_{ji} &\leftarrow \omega_{ji} + \eta \frac{\partial L_d}{\partial \omega_{ji}} \\ &= \omega_{ji} + \eta (t_j - y_j) y_j (1 - y_j) x_{ji} \\ &= \omega_{ji} + \eta \delta_j x_{ji} \end{aligned} \tag{7-21}$$

(2) 隐藏层权值训练

首先，需要定义节点 j 的所有直接下游节点的集合 Downstream(j)。例如，假设输入层有 3 个节点，编号依次为 1、2、3；隐藏层有 4 个节点，编号依次为 4、5、6、7；输出层的两个节点编号为

8、9，对于节点4来说，它的直接下游节点是节点8、节点9。

Net_j 只能通过影响 Downstream(j)来影响 L_d，假设 Net_k 是节点 j 的下游节点输入，则 L_d 是 Net_k 的函数，而 Net_k 又是 Net_j 的函数。因为 Net_k 有多个，可以做出如下推导：

$$\begin{aligned}
\frac{\partial L_d}{\partial Net_j} &= \sum_{k\in \mathrm{Downstream}(j)} \frac{\partial L_d}{\partial Net_k}\frac{\partial Net_k}{\partial Net_j} \\
&= \sum_{k\in \mathrm{Downstream}(j)} -\delta_k \frac{\partial Net_k}{\partial Net_j} \\
&= \sum_{k\in \mathrm{Downstream}(j)} -\delta_k \frac{\partial Net_k}{\partial a_j}\frac{\partial a_j}{\partial Net_j} \\
&= \sum_{k\in \mathrm{Downstream}(j)} -\delta_k \omega_{kj} \frac{\partial a_j}{\partial Net_j} \\
&= \sum_{k\in \mathrm{Downstream}(j)} -\delta_k \omega_{kj} a_j (1-a_j) \\
&= -a_j(1-a_j) \sum_{k\in \mathrm{Downstream}(j)} \delta_k \omega_{kj}
\end{aligned} \tag{7-22}$$

因为$\delta_j=-\dfrac{\partial L_d}{\partial Net_j}$，代入上式得到：

$$\delta_j = a_j(1-a_j) \sum_{k\in \mathrm{Downstream}(j)} \delta_k \omega_{kj} \tag{7-23}$$

7.2 基于均值滤波的两尺度图像分解方法

7.2.1 均值滤波

均值滤波是一种线性滤波，对高斯噪声具有较好的抑制能力，其基本思想是选取几何邻域平均。均值滤波的原理是：首先选取大小固定的具有几何规则的模板，让某一像素点处于该模板的中心位置，计算该区域若干点的灰度平均值，然后用该值来代替待处理点的灰度值。对图像的所有像素点做同样的处理，就得到了均值滤波后的图像。

传统的均值滤波算法是用局部窗口内所有像素的平均灰度值替代窗口中心像素点的灰度值。于是，滤波窗口中心像素点 (x,y) 处的响应如公式(7-24)所示：

$$\hat{f}(x,y) = \frac{1}{mn}\sum_{(r,s)\in S_{mn}} g(r,s) \tag{7-24}$$

其中，S_{mn} 表示中心像素点为 (x,y)、尺寸为 $m\times n$ 的矩形滤波窗口。

均值滤波也可以用空间卷积运算来描述，把灰度均值化处理看作一个作用于图像 $g(x,y)$ 上的低通空间滤波器，于是窗口中心像素点 (x,y) 处的响应如公式(7-25)所示：

$$\hat{f}(x,y) = \sum_{r=-a}^{a}\sum_{s=-b}^{b} w(r,s)g(x+r,y+s) \tag{7-25}$$

其中，a、b 为整数且 $a=\dfrac{m-1}{2}$、$b=\dfrac{n-1}{2}$；$w(r,s)$为加权函数，又称为掩膜或模板。在设计滤波器

时给 $w(r,s)$ 赋予不同的值，就可得到不同的平滑或锐化效果，传统均值滤波器通常取 $w(r,s)=1$，即计算中心像素点的灰度值时，周围各像素点的权值相同。

均值滤波算法的概念非常直观，且便于计算，因此被广泛应用于图像处理中。

7.2.2 基于均值滤波的两尺度图像分解方法

从能量的角度来说，对于高斯噪声，其功率谱密度为常数，也就是说，全部的频域中都存在高斯噪声的能量，并且这些能量是均匀分布的。高频区域是图像细节成分的主要存在区域，在存在噪声的图像中，高频区域含有的噪声能量所占比重较多，在一定程度上甚至能将有用信号覆盖，而在低频区域占有的比重相对来说较低。因此，在对图像进行分解处理时，着重点应当放在低频区域。

假设输入图像为 $\boldsymbol{I}$，均值滤波能够有效滤除噪声和高频信息。基于此特性，可应用均值滤波将图像分解为基础层(低频部分)和细节层(高频部分)。基础层由公式(7-26)获得：

$$I^b(x,y)=\frac{1}{mn}\sum_{(x,y)\in S_{mn}} I(x,y) \tag{7-26}$$

其中，$I^b(x,y)$ 为源图像的基础层，S_{mn} 表示中心像素点为 (x,y)、尺寸为 $m\times n$ 的矩形滤波窗口。

细节层通过源图像与基础层相减得到：

$$I^d(x,y)=I(x,y)-I^b(x,y) \tag{7-27}$$

其中，$I^d(x,y)$ 为源图像的细节层。

选择采用合适的均值滤波模板是进行图像分解极为重要的一步，目的是为了避免图像在处理的过程中模糊，变得不清楚。若是均值滤波模板选择得太小，其提取基础层的能力会受到影响而降低；若是选择得太大，所得图像模糊程度将会增强，变得更加不清晰，对本章后续融合过程的影响很大。

7.3 图像两尺度分解与 CNN 相结合的融合方法

众所周知，深度学习可在许多图像处理任务(例如图像分类)中实现最先进的性能。此外，深度学习还可以用作提取图像特征的有用工具，这些特征在每一层都包含了不同的信息。近年来，深度学习在不同应用范围受到了很大关注，在 2016 年 CVPR 中，Gatys 等人提出了一种基于 CNN 的图像风格转移方法。他们使用 VGG 网络分别从内容图片、样式图片和生成的图片中提取不同层的深度特征。相关学者认为深度学习也可以应用到图像融合当中。

本节基于在 ImageNet 上训练完成的 VGG-19 卷积神经网络模型，对现有融合规则进行改良，得到了一种简单高效的红外图像与可见光图像融合方法，其基本过程如图 7-14 所示。将红外与可见光图像通过均值滤波进行两尺度分解得到包含大尺度特征的低频部分和包含纹理特征的高频部分。低频部分使用平均权重策略获得新的低频部分；高频部分使用 VGG-19 做多层特征的提取，每个特征层经过l_1-正则化、卷积运算和上采样得到权重层，再使用最大选择策略对多个权重层进行运算得到最大权重层，然后最大权重层与高频部分相乘得到新的高频部分；最后用新的低频部分和高频部分重建图像。

假设有 K 个输入源图像，本节选取 $K=2$(但是融合策略对于 $K>2$ 也是相同的)，将源图像记作$\boldsymbol{I}_k$，$k\in\{1,2\}$。如图 7-13 所示，对于每个源图像$\boldsymbol{I}_k$，通过均值滤波进行两尺度分解后得到低频部分$\boldsymbol{I}_k^b$和高频部分$\boldsymbol{I}_k^d$，高频部分通过公式(7-28)得到。

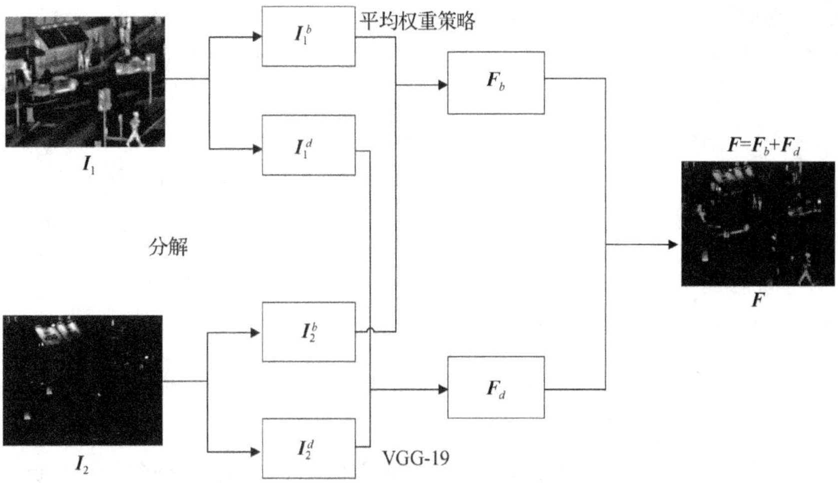

图 7-13　本节所提图像融合方法流程图

$$\boldsymbol{I}_k^b=\boldsymbol{I}_k*\boldsymbol{Z} \tag{7-28}$$

低频部分使用平均权重策略进行融合得到图像 $\boldsymbol{F}_b$；高频部分经过 VGG-19 处理后得到最大权重层，并与源图像的高频部分融合得到图像 $\boldsymbol{F}_d$；最后，由融合后的低频部分和高频部分重建得到融合图像。

7.3.1　低频部分的融合

从源图像中获得的低频部分包含共同特征和冗余信息，本节选用平均权重策略对低频部分进行融合，如公式(7-29)所示：

$$F_b(x,y)=\lambda_1 I_1^b(x,y)+\lambda_2 I_2^b(x,y) \tag{7-29}$$

其中，$I_1^b(x,y)$和$I_2^b(x,y)$为两种源图像低频部分(x,y)处的像素值；$F_b(x,y)$为融合后低频部分(x,y)处的像素值；λ_1和λ_2为$\boldsymbol{I}_1^b$和$\boldsymbol{I}_2^b$像素点的权重系数，本节中λ_1和λ_2的取值分别为 0.5 和 0.5。

7.3.2　高频部分的融合

对于高频部分$\boldsymbol{I}_1^d$和$\boldsymbol{I}_2^d$，本节采用一种新的融合策略，使用卷积神经网络来提取深度特征，该过程如图 7-14 所示。

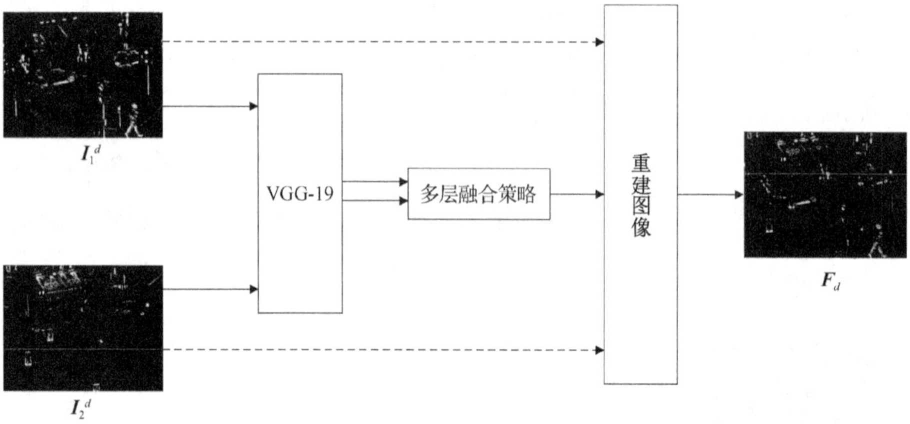

图 7-14　高频部分融合流程

首先使用 VGG-19 来提取深度特征，然后采用多层融合策略得到权重图，最后利用这些权重图和源图像的高频部分重构融合以获得新的高频部分$\boldsymbol{F}_d$。下面详细介绍高频部分融合中所运用的多层融合策略。

这里定义 VGG-19 提取高频部分$\boldsymbol{I}_k^d$的特征图为$\boldsymbol{\phi}_k^{i,m}$，根据公式(7-30)，$\boldsymbol{\phi}_k^{i,m}$表示第$k$个高频部分经过$\varphi_i(\cdot)$提取得到的第$i$个特征图，$m$表示第$i$个特征图的通道数($m\in\{1,2,\cdots,M\}$)：

$$\boldsymbol{\phi}_k^{i,m}=\varphi_i(\boldsymbol{I}_k^d) \tag{7-30}$$

其中，每个$\varphi_i(\cdot)$($i\in\{1,2,3,4\}$)代表卷积神经网络的每一层操作运算，分别对应 $relu\_1\_1$，$relu\_2\_1$，$relu\_3\_1$ 和 $relu\_4\_1$。在此定义$\boldsymbol{\phi}_k^{i,1:m}(x,y)$表示在特征图$(x,y)$处的$\boldsymbol{\phi}_k^{i,m}$，故可以看出，$\boldsymbol{\phi}_k^{i,1:m}(x,y)$表示一个$m$维向量。

如图 7-15 所示，在获得深度特征$\boldsymbol{\phi}_k^{i,m}$后，通过$l_1$-正则化和基于区块的均值操作来计算获得活动级别图(activity level map)$\boldsymbol{C}_k^i$，其中$k\in\{1,2\}$，$i\in\{1,2,3,4\}$。

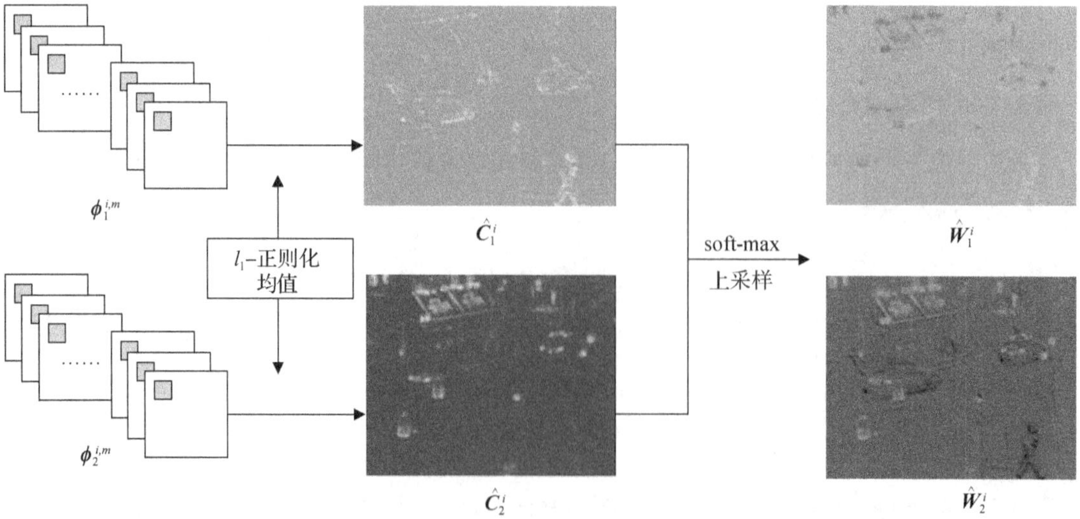

图 7-15　高频部分融合策略

已有研究提出，通过正则化后能定性衡量高频部分的活动级别(activity level)。因此，初始的活动级别图根据公式(7-31)可以获得：

$$C_k^i(x,y) = \| \boldsymbol{\phi}_k^{i,1:m}(x,y) \|_1 \tag{7-31}$$

然后，根据公式(7-32)，利用基于区块的均值操作来求取最终的活动级别图 $\hat{\boldsymbol{C}}_k^i$，以增强图像融合方法对错误配准的鲁棒性：

$$\hat{C}_k^i(x,y) = \frac{\sum_{\beta=-r}^{r} \sum_{\theta=-r}^{r} \hat{C}_k^i(x+\beta, y+\theta)}{(2r+1)^2} \tag{7-32}$$

其中，r 表示均值操作区块的大小，r 越大，则融合方法的鲁棒性更好，但是会丢失一部分细节。在本节中，令 $r=1$。

一旦获得活动级别图 $\hat{\boldsymbol{C}}_k^i$，根据公式(7-33)，初始权重图 $\boldsymbol{W}_k^i$ 可通过 soft-max 操作后计算得到：

$$W_k^i(x,y) = \frac{\hat{C}_k^i(x,y)}{\sum_{n=1}^{K} \hat{C}_n^i(x,y)} \tag{7-33}$$

其中，K 表示活动级别图的数量，在本节中，设 $K=2$；$W_k^i(x,y)$ 表示初始权重图的取值范围为 $[0,1]$。

在卷积神经网络中池化操作是一种下采样方式，每经过一次池化操作，特征图大小调整为原始大小的 $1/n$，其中 n 为池化操作窗口大小。在 VGG 网络中 $n=2$，因此在不同层中，特征图的大小为原高频部分大小的 $1/2^{i-1}$，其中 $i \in \{1,2,3,4\}$，分别对应 *relu_1_1*，*relu_2_1*，*relu_3_1* 和 *relu_4_1*。与之相比，上采样是一个相反的过程。

在获得每个初始权重 $\boldsymbol{W}_k^i$ 后，根据公式(7-34)，通过上采样得到最终的权重图 $\hat{\boldsymbol{W}}_k^i$，其大小等于输入高频部分的大小：

$$\hat{W}_k^i(x+p, y+q) = W_k^i(x,y), \quad p,q \in \{0,1,\cdots,(2^{i-1}-1)\} \tag{7-34}$$

最后通过公式(7-35)，对上采样所得到的 4 个权重图 $\hat{\boldsymbol{W}}_k^i$ 做进一步操作，获得初始融合高频部分，再选取其中每个位置的最大值，从而得到最终融合高频部分 $\boldsymbol{F}_d$：

$$\begin{gathered} F_d^i(x,y) = \sum_{n=1}^{K} \hat{W}_n^i(x,y) \times I_n^d(x,y), K=2 \\ F_d(x,y) = \max[F_d^i(x,y) \mid i \in \{1,2,3,4\}] \end{gathered} \tag{7-35}$$

7.3.3　重建图像

获得了融合后的低频部分 $\boldsymbol{F}_b$ 和高频部分 $\boldsymbol{F}_d$ 后，根据公式(7-36)，对图像进行重建即可得到最后的融合图像：

$$F(x,y)=F_b(x,y)+F_d(x,y) \tag{7-36}$$

其中，$F_b(x,y)$ 表示融合后低频部分在 (x,y) 处的值，$F_d(x,y)$ 表示融合后高频部分在 (x,y) 处的值，$F(x,y)$ 表示在 (x,y) 处的像素值。

7.4 实验结果与分析

7.4.1 实验设置

本节实验中红外与可见光源图像来自公共数据集，选择其中 14 组进行实验，图像示例如图 7-16 所示。本节选取 5 种常用的方法进行对比，分别是：交叉双边滤波融合法（CBF）、联合稀疏表示模型（JSR）、基于显著检测的联合稀疏表示模型（JSRSD）、加权最小二乘优化方法（WLS）、卷积稀疏表示模型（ConvSR），以上 5 种算法的参数取值与各相关文献保持一致。

图 7-16 图像示例（第一行为红外图像，第二行为可见光图像）

本节实验环境如下：计算机配置为 Inter Core i7-8750H 处理器和 8 GB 内存，操作系统为 Windows 10，编程软件为 Anconda 3、MATLAB R2018a。

7.4.2 实验结果及分析

1）融合图像对比结果

对上述 5 种方法和本节所提方法的实验结果进行对比分析，选择其中的 5 组图像进行说明，分别编号为 a、b、c、d、e，如图 7-17 所示，可以看出针对 5 组图像，CBF 的实验结果噪声和晕影较多，显著特征不清晰；JSR 的实验结果除显著特征外其他区域细节模糊，对比度不高；JSRSD 和 WLS 融合后图像更多地保留红外图像的特征，亮度过高，区域过渡不自然；ConvSR 的实验结果在显著特征周围伪影较多且块效应明显，观感不佳。相比较于这 5 种方法，本节所提方法的融合结果细节更加清晰，对比度更高，且晕影和块效应不明显，更适合人眼视觉的观察。

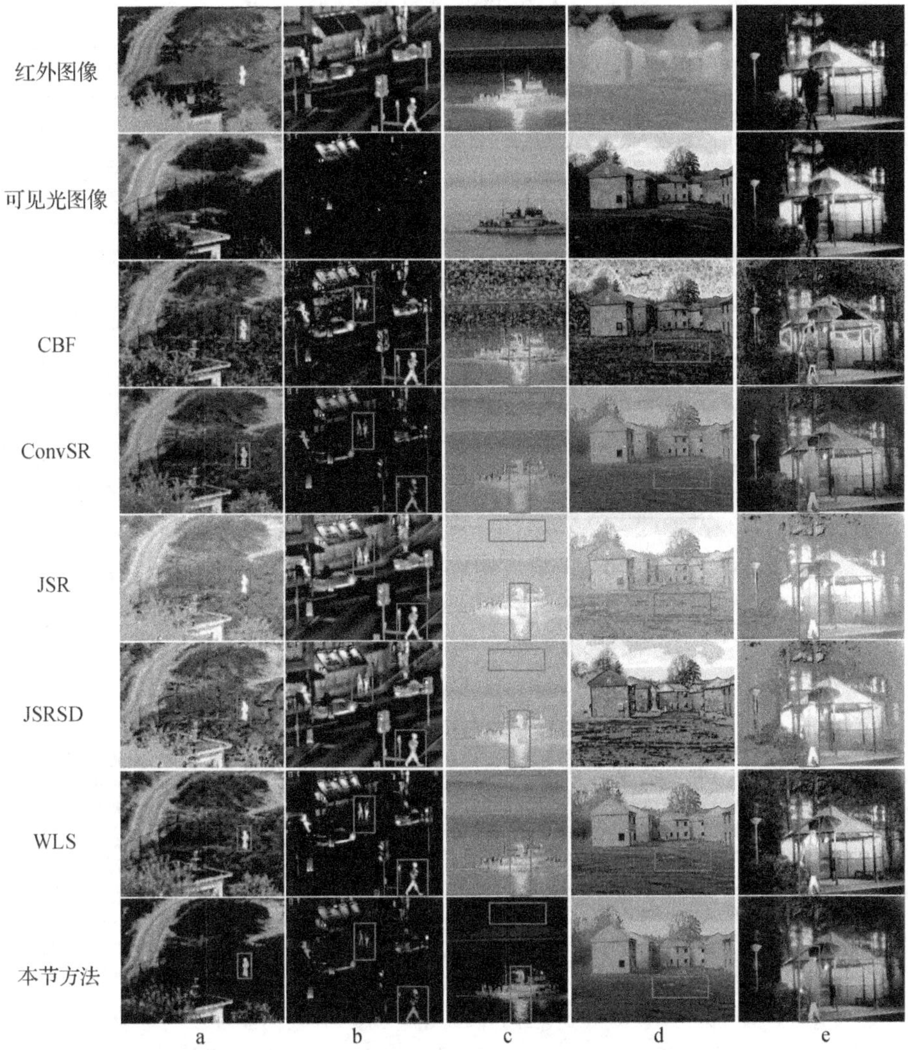

图 7-17　不同融合方法的实验结果对比

2）客观评价指标对比结果

为了定量评价本节所提方法和对比方法的效果，本节选用 FMI_{pixel}、FMI_{dct}、FMI_{w}、$SSIM_{a}$和N_{abf} 5 种指标进行评价，其中 FMI_{pixel}、FMI_{dct}、FMI_{w}分别表示图像像素特征、离散余弦特征和小波特征的特征互信息，其值越大，表明源图像与融合图像的信息相关度越高，融合过程中信息损失越少；$SSIM_{a}$表示源图像与融合图像的相似程度；N_{abf}表示融合图像中产生的噪声和伪影，其值越小，表明融合图像包含的伪影和噪声越少。本节选取图 7-17 中的 5 组图像，定量评价本节所提方法和对比方法，结果如表 7-1 所示。

表 7-1 不同图像融合的客观评价指标值

实验图像	评价指标	CBF	ConvSR	JSR	JSRSD	WLS	本节方法
a	FMI_{pixel}	0.870 1	0.833 6	0.852 8	0.833 9	0.884 7	**0.888 3**
	FMI_{dct}	0.245 0	0.144 2	0.153 8	0.131 5	0.274 5	**0.356 2**
	FMI_{w}	0.298 4	0.320 5	0.211 3	0.181 2	0.335 1	**0.394 4**
	N_{abf}	0.231 7	0.122 4	0.233 2	0.328 5	0.162 1	**0.034 6**
	$SSIM_{a}$	0.623 8	0.598 4	0.607 3	0.539 6	0.722 1	**0.722 8**
b	FMI_{pixel}	0.894 4	0.864 5	0.910 0	0.904 5	0.916 1	**0.920 8**
	FMI_{dct}	0.284 6	0.180 3	0.248 5	0.227 9	0.349 2	**0.387 9**
	FMI_{w}	0.248 6	0.297 7	0.276 9	0.264 2	**0.357 5**	0.337 1
	N_{abf}	0.487 0	0.117 4	0.180 4	0.190 8	0.135 2	**0.010 1**
	$SSIM_{a}$	0.498 6	0.577 1	0.629 9	0.623 7	0.670 9	**0.678 8**
c	FMI_{pixel}	0.830 8	0.897 6	0.891 9	0.861 6	0.911 5	**0.920 2**
	FMI_{dct}	0.219 2	0.147 8	0.179 5	0.148 9	0.344 6	**0.395 4**
	FMI_{w}	0.246 2	0.309 0	0.181 2	0.148 3	0.363 6	**0.369 1**
	N_{abf}	0.544 8	0.057 8	0.255 2	0.410 2	0.193 8	**0.095 7**
	$SSIM_{a}$	0.582 8	0.784 4	0.742 0	0.689 5	**0.857 7**	0.788 9
d	FMI_{pixel}	0.868 9	0.874 6	0.885 0	0.840 8	0.904 9	**0.906 3**
	FMI_{dct}	0.318 6	0.210 5	0.214 1	0.177 4	0.406 2	**0.432 3**
	FMI_{w}	0.282 3	0.358 1	0.207 0	0.196 3	**0.397 0**	0.387 7
	N_{abf}	0.452 9	0.053 4	0.338 5	0.415 1	0.270 4	**0.014 8**
	$SSIM_{a}$	0.583 1	0.726 3	0.567 4	0.478 9	0.773 3	**0.823 0**
e	FMI_{pixel}	0.864 5	0.847 7	0.879 2	0.863 2	0.891 8	**0.893 7**
	FMI_{dct}	0.229 9	0.134 2	0.169 9	0.145 4	0.298 1	**0.361 4**
	FMI_{w}	0.263 3	0.342 4	0.220 5	0.195 6	0.346 4	**0.387 4**
	N_{abf}	0.360 7	0.086 8	0.176 9	0.241 7	0.215 6	**0.003 0**
	$SSIM_{a}$	0.537 0	0.604 2	0.628 0	0.593 7	0.691 7	**0.744 8**

表 7-1 中，5 种指标中实验结果最优的以粗体表示。从实验结果可以看出本节所提方法针对图 a、e 在 5 种指标上均取得了较好的结果，虽然本节所提方法针对图 b、c、d 均有一项指标值低于 ConvSR，但是其他方法在其余指标上的表现均不如本节所提方法。这说明相较于其他

5种对比方法，本节所提方法得到的红外与可见光融合图像在很大程度上保留了源图像的纹理和细节特征，且降低了融合图像中的伪影和噪声，使得融合图像看起来更加清晰自然，这与主观评价结果是一致的。

[参考文献]

[1] Li S T, Kang X D, Fang L Y, et al. Pixel-level image fusion: A survey of the state of the art[J]. Information Fusion, 2017, 33: 100-112.

[2] Fukushima K. Neocognitron: A self-organizing neural network model for a mechanism of pattern recognition unaffected by shift in position[J]. Biological Cybernetics, 1980, 36(4): 193-202.

[3] LeCun Y, Bottou L, Bengio Y, et al. Gradient-based learning applied to document recognition[J]. Proceedings of the IEEE, 1998, 86(11): 2278-2324.

[4] He K M, Zhang X Y, Ren S Q, et al. Delving deep into rectifiers: Surpassing human-level performance on ImageNet classification[C]//Proceedings of 2015 IEEE International Conference on Computer Vision. December 7-13, 2015, Santiago, Chile. IEEE, 2016: 1026-1034.

[5] Ben Hamza A, He Y, Krim H, et al. A multiscale approach to pixel-level image fusion[J]. Integrated Computer-Aided Engineering, 2005, 12(2): 135-146.

[6] Chen T H, Lin Y C. Infrared and visible image fusion method based on developed NSCT transform[J]. Journal of Beijing Jiaotong University, 2013, 37(6): 18-21.

[7] 欧阳宁，郑雪英，袁华. 基于NSCT和稀疏表示的多聚焦图像融合[J]. 计算机工程与设计，2017，38(1)：177-182.

[8] Li S T, Kang X D, Hu J W. Image fusion with guided filtering[J]. IEEE Transactions on Image Processing, 2013, 22(7): 2864-2875.

[9] Robbins H, Monro S. A stochastic approximation method[J]. The Annals of Mathematical Statistics, 1951, 22(3): 400-407.

[10] Gatys L A, Ecker A S, Bethge M. Image style transfer using convolutional neural networks[C]//Proceedings of 2016 IEEE Conference on Computer Vision and Pattern Recognition. June 27-30, 2016, Las Vegas, NV, USA. IEEE, 2016: 2414-2423.

[11] Simonyan K, Zisserman A. Very deep convolutional networks for large-scale image recognition[EB/OL]. [2022-9-23]. https://arxiv.org/abs/1409.1556.

[12] Li H, Wu X J. Multi-focus Image Fusion Using Dictionary Learning and Low-Rank Representation[C]//Proceedings of International Conference on Image and Graphics. Cham, Switzerland: Springer, 2017: 675-686.

[13] Toet A. TNO Image fusion dataset[DB/OL]. Figshare, 2014[2022-10-25]. https://figshare.com/articles/TN Image Fusion Dataset/1008029.

[14] Kumar B K S. Image fusion based on pixel significance using cross bilateral filter[J]. Signal, Image and Video Processing, 2015, 9(5): 1193-1204.

[15] Zhang Q H, Fu Y L, Li H F, et al. Dictionary learning method for joint sparse representation-based image fusion[J]. Optical Engineering, 2013, 52(5): 057006.

[16] Liu C H, Qi Y, Ding W R. Infrared and visible image fusion method based on saliency detection in sparse domain[J]. Infrared Physics & Technology, 2017, 83: 94-102.

[17] Ma J L, Zhou Z Q, Wang B, et al. Infrared and visible image fusion based on visual saliency map and weighted least square optimization[J]. Infrared Physics & Technology, 2017, 82: 8-17.

[18] Liu Y, Chen X, Ward R K, et al. Image fusion with convolutional sparse representation[J]. IEEE Signal Processing Letters, 2016, 23(12): 1882-1886.

[19] Haghighat M, Razian M A. Fast-FMI: Non-reference image fusion metric[C]//Proceedings of the 8th International Conference on Application of Information and Communication Technologies. October 15-17, 2014, Astana, Kazakhstan. IEEE, 2015: 1-3.

[20] Kumar B K S. Multifocus and multispectral image fusion based on pixel significance using discrete cosine harmonic wavelet transform[J]. Signal, Image and Video Processing, 2013, 7(6): 1125-1143.